JN438887

정원만들기

정원설계와 정원수 가꾸기

정원만들기

이상석 지음

일조각

정원과 인간의 삶

조경가와 정원은 서로 뗄 수 없는 밀접한 관계를 가지고 있다. 과장해서 말한다면 조경은 정원으로부터 시작해서 정원으로 귀착한다고 말할 수도 있다. 20년 넘게 활동해 온 조경가로서 다시 보는 정원의 모습은 예사롭지 않으며, 점점 가치를 더해가고 있음을 느낄 수 있다. 인류의 오랜 역사를 거슬러올라가지 않더라도 근래에 우리 주변에서 쉽게 볼 수 있는 모던 가든, 미니멀 가든, 포스트모던 가든, 조각정원, 야생화 정원, 실내 정원, 옥상정원, 체험농원, 치료정원, 생태학습원 등 다양한 유형의 정원을 통하여, 정원은 사람들의 미적 감각을 자극하여 즐거움을 주고 삶에 지친 사람들을 쉬게 해주며 그들의 정신을 치유해 주는 등 정원의 역할이 예전과는 달리 많이 커지고 있음을 알 수 있다.

이해를 돕기 위하여 지금까지 조경가로서 정원을 접했던 다양한 경험을 토대로 정원의 속성을 몇 가지 설명해 보고자 한다.

첫째, 정원은 자연인 동시에 문화이다. 정원은 인간이 자연을 생활공간 가까이 끌어들여 놓은 것으로 미적이고 문화심리적인 욕구가 반영된 것이다. 이처럼 정원은 자연인 동시에 문화요소로서 국가와 지역 그리고 문화를 대표하는 양식이기도 하다. 인류역사에 나타난 이집트 정원, 메소포타미아의 공중정원, 로마의 정원, 이탈리아의 노단식 정원, 프랑스의 평면기하학식 정원, 영국의 자연풍경식 정원, 이슬람 정원, 중국 정원, 일본 정원 등 유명한 정원은 당시의 시대정신과 문화를 담은 채 양식화되었다.

둘째, 정원은 유토피아이다. 『구약성서』「창세기」 2장에 따르면, 태초에 하나님이 인류의 시조 아담과 하와를 에덴 동산에 살게 하였는데, 여기에는 생명나무와 선악을 알게 하는 나무를 중심으로 각종 나무가 울창하였으며, 들에는 짐승이 뛰어놀고, 하늘에는 새가 날았다고 한다. 아담이 선악과를 따 먹은 죄로 에덴 동산에서 쫓겨났지만 하나님의 나라로서 에덴 동산의 상징성을 잘 이해할 수 있다. 정원에 대한 유토피아적 사고는 동양에서는 더욱 다양하게 나타난다. 우리나라의 전통정원에서도 이상향을 추구했던 선조들의 모습을 잘 찾아볼 수 있다. 자연경관을 주主로 삼고 인공경관을 종從의 위치에 두었던 전통정원에는 인간이 자연 위에 군림하는 존재가 아니라 자연과 조화를 이루며 살아가는 존재라는 인식이 바탕에 깔려 있으며, 음양의 조화와 풍수지리를 중시하는 관념적 사고는 정원의 뒤뜰 경사지를 활용하는 화계花階, 앞뜰의 연못, 조산 및 축석 등의 다양한 모습으로 한국인이 꿈꾸는 이상향을 나타내기도 하였다. 정원문화가 발달한 일본에서도 그들이 꿈꾸는 이상향의 모습을 정원에 그리기도 하였는데 교토京都의 료안지龍安寺 정원은 15세기 말에 만들어진 일본의 대표적인 정원으로 세계적으로 유명하다.

셋째, 정원은 실용적인 공간이다. 이집트 정원에서는 덥고 건조한 날씨를 극복하기 위해 식물을 재배하고 물을 정원으로 끌어들이기도 하였다. 마찬가지로 덥고 평탄한 지역에 위치한 이슬람 정원에서도 수로와 분수는 실용적 차원에서 정원의 중요한 구성요소가 되었다. 우리나라 전통주택에서도 앞뜰에 화단을 꾸미고 채소를 심어 텃밭을 가꾸는 것은 보편화된 것이었다. 최근 꽃·새싹·향기 등 식물을 이용하여 정신심리치료를 위해 만들어지는 치료정원과 노약자들의 건강한 삶을 위해 만들어지는 실내정원은 정원의 실용성과 관련하여 새롭게 주목할 필요가 있다.

넷째, 정원은 권력을 과시하기 위한 수단이다. 한국, 중국, 일본뿐만 아니라 유럽에서도 정원의 규모와 그 화려함은 권력의 존엄성과 위엄을 과시하는 수단으로 사용되기도 하였다. 재미있는 사례로 프랑스 보르비콩트 정원을 살펴보자. 이 정원은 루이 14세의 재정담당이었던 니콜라 푸케*Nicolas Fouquet*가 유명한 정원가인 앙드레 르 노트르*André Le Nôtre*로 하여금 본인의 부와 권세를 과시하기 위해 만든 정원이다. 그러나 정원에 초대받았던 당시 왕 루이 14세는 정원의 규모와 화려함에 화가 나서 푸케를 체포하여 감옥에 보내고 그 자신을 위한 베르사유궁을 만들도록 지시하였다. 이렇게 하여 대표적인 평면기하학식 정원인 베르사유궁원이 탄생하게 된 것이다. 오늘날이라면 이와 같은 일이 일어날 수 없겠지만 왕이나 상류층 사람들이 정원을 만들면 지인들에게 알려 가든파티를 하는 것이 당연한 시대였기 때문이다.

다섯째, 정원은 치유의 공간이요, 메모리얼이다. 타지마할은 인도 무굴제국의 황제 샤 자한*Shāh Jahān*이 아이를 낳다 죽은 부인을 추모하기 위해 만든 무덤이다. 그는 타지마할을 만들기 위해 이탈리아 · 프랑스 · 터키 등지에서 장인을 동원하고, 러시아 · 중국 등지에서 돌을 수입하여 사용하는 등 엄청난 예산과 노동력을 투입하여, 결국엔 국가가 흔들릴 정도로 재정이 휘청거렸다. 이와 같이 인류역사를 통하여 정원이 묘지와 더불어 만들어진 사례가 많은데 죽은 자를 위한 공간으로서 정원만 한 것이 없다는 인식 때문인 것으로 판단된다. 이러한 현상은 오늘날에도 계속되고 있어, 동서양을 막론하고 세계 곳곳에서 만들어지고 있는 많은 메모리얼은 정원(원園이나 가든*garden*)의 이름을 빌리는 경우가 많다.

여섯째, 정원은 예술적 공간이다. 정원에는 꽃 · 잎 · 열매의 색과 향기, 질감 등 오감과 육감이 공존하는 감각의 공간이다. 그리고 이것을 매체로 하여, 조각하듯이 그림 그리듯이 정원에 펼쳐지는 예술행위는 사람들에게 정원을 만들고 보는 즐거움을 준다. 꽃이 피고 잎이 무성해지고, 단풍이 들고 열매를 맺으며, 그리고 눈으로 덮여 긴 겨울잠을 자는 정원의 모습에서 계절의 변화를 느낄 수 있다. 우리가 모던 가든, 미니멀 가든, 포스트모던 가든 등과 같이 구분하거나 작가의 스타일을 논할 때, 정원의 예술적 특성은 정원의 양식과 속성을 규정짓는 중요한 척도가 된다.

마지막으로, 정원은 도시의 녹지로서 자연이요, 건전한 생태계이다. 정원은 삭막한 도시를 순화시키고 뜨거운 도시를 식히며, 오염된 땅과 공기를 정화하는 역할을 한다. 우리 주변에 정원만큼 도시에 생명력을 제공하는 것은 많지 않다. 새들이 쉬어가고, 곤충들도 서식하는 생태공간이다. 아마도 정원의 특성 중에서 현대에서 가장 중요한 것이기도 하다.

저자는 외국여행을 하면서 시간이 나면 서점을 방문하곤 한다. 그 나라를 이해하는데 서점만큼 좋은 곳이 없다. 인상적으로 눈에 띄는 것은 미국이나 유럽의 일반서점에는 정원*garden*이나 예술*art*과 관련된 코너가 별도로 마련되어 있다는 것이다. 더구나 진열된 책이 조경가, 건축가, 예술가 등 전문가뿐만 아니라 아마추어들도 겨냥하고 있음을 잘 알 수 있다. 그들의 삶과 여가생활 속에 정원이 늘 함께하는 정원문화의 보편성을 잘 알 수 있는 대목이다.

저자가 관심을 갖고 있는 실천하는 생활문화로서의 정원은 아직까지는 우리에게 낯설고 쉽지 않은 일인 듯싶다. 자신이 직접 만들고 가꿈으로써 손으로 만드는 기쁨을 깨닫고, 자연에서 누리는 평화를 얻는다면 이보다 좋은 일은 없을 것이다. 우리가 사회적 · 경제적 · 문화적으로 선진국이라고 인정하는 나라들의 공통적인 특징 중 하나는 정원이 그들의 삶 속에 가까이 있고 삶의 일부가 되어 있어 정원가꾸기는 중요한 여가활동이요, 그들의 일상생활이 되고 있으며, 정원은 그들의 예술작품인 동시에 개인의 삶의 무대이기도 하다는 점이다. 그래서인지 정원에 대해서는 모두가 전문가의 식견을 가지고 있다. 이러한 정원에 대한 관심과 실천은 늘 부러움의 대상이었다. 우연의 일치인지 선진국으로 가기 위해서 우리가 필수적으로 갖추어야 하는 것인지 명확하게 말하기는 어렵지만, 정원과 사회발전의 관계는 깊은 상관관계가 있음에 틀림없다. 미국, 영국, 독일, 일본의 주택정원, 계속해서 열리고 있는 정원박람회와 경연대회, 정원에서 열리는 가든파티와 음악회 등 그들의 삶과 정원문화는 좁은 국토에서 살아가면서 편리함만을 추구하고, 다양한 여가체험의 기회를 갖지 못하는 현대를 살아가는 바쁜 한국인에게 삶의 여유를 찾고 풍요로운 삶을 위해 정원이 얼마나 중요한지, 그리고 우리의 어떤 노력이 필요한지를 잘 말해 주고 있다.

최근에는 다행스럽게 우리나라에서도 도시와 농촌의 외부환경이 많이 개선되어 아름다운 정원이나 공원을 쉽게 볼 수 있게 되었으며, 건강한 삶과 자연에 대한 국민들의 관심이 점차적으로 늘어나고 있어 정원 만들기에 대한 관심이 증대되고 있다. 그러나 아직도 정원이 시민들의 일상생활에서 멀리 있다는 느낌을 지울 수 없다. 그 이유는 지금

우리가 보는 정원은 보는 대상으로서의 정원이지, 흙을 만지고, 꽃과 나무를 심고, 벤치와 정자를 만드는 함께 참여하는 정원이 아니기 때문이다. 이러한 저자의 고민이 이 책을 쓰게 된 계기가 되었다.

지금까지 일반인들은 정원을 만들고자 할 때 참고할 수 있는 책으로 대부분 조경분야에서의 전문서적 이외에는 접할 수 없었다. 그래서 저자는 그 동안 대학에서 동아리 활동을 하면서 배운 원예지식, 조경공사 현장에서의 시공, 대학에서의 강의경험을 토대로 하여 일반인들이 직접 정원을 만들고 가꿀 수 있도록 하는 데 지침이 될 만한 책을 만들었다. 가급적이면 독자들이 쉽게 이해하고 직접 실천할 수 있도록 다양한 사례의 사진과 그림을 삽입하였다.

책의 내용은 정원설계와 정원수목 가꾸기에 초점을 두었다. 일반인도 정원설계를 할 수 있도록 정원설계 과정에 대한 상세한 설명과 다양한 정원사례를 제시함과 동시에 정원수를 가꾸는 데 필요한 지식을 포함시켰다.

따라서 책의 내용은 일반인들이 정원을 만들 수 있도록 하는 데 초점이 두어졌지만 정원설계와 시공을 하는 조경기술자와 조원사들의 기술적 지침서로도 활용될 수 있도록 내용을 정선하였으므로 실무와 대학의 교재로 사용하더라도 무리가 없을 것이다.

여기에 기술된 내용은 저자의 경험을 되살린 것이지만 책의 일부 내용에서는 저자의 얄팍한 지식과 충분치 못한 경험을 토대로 한 것이 적지 않음을 부인할 수 없다. 또한 일부는 국내에도 훌륭한 사례가 있음에도 불구하고 외국 사례에 의존하였다는 점을 지적하지 않을 수 없다. 이러한 문제는 앞으로 저자에게 짐인 동시에 미래의 과제이다. 부족한 점에 대하여 제현들의 아낌없는 충고를 바라는 바이며, 앞으로도 지속적인 보완과 수정을 약속드린다. 이 책이 정원가꾸기에 관심이 많은 사람들, 정원설계와 시공을 하는 전문가와 관심이 있는 학생들에게 널리 이용되어 아름다운 정원을 가꾸고 정원문화를 고양하는 데 밑거름이 되기를 진심으로 바란다.

감사의 글

이 책을 만들면서 많은 분들이 도움을 주셨다. 우선 이 책이 만들어질 수 있도록 출판을 지원해 주신 일조각 편집부 임직원 여러분에게 감사드린다. 저자가 대학에서 강의해 온 정원설계 수업을 위해 부지를 제공하고 장학금을 기증하셨던 남웅 · 민명화 님 부부, 많은 정원수목의 이름을 확인하기 위해 수고를 아끼지 않은 김진숙 님과 진혜영 님, 사진작업을 도와준 정인호 님, 정원설계도면을 그려주었던 이강록, 이충근, 김옥진, 김미례, 정현철, 이강하 등 학생들의 노력이 큰 도움이 되었다. 이 밖에도 좁은 지면으로 일일이 소개하지 못하는 현장과 강의실에서 만났던 많은 지인들에게 감사드린다. 늘 보살펴 주시고 든든한 후원자가 되어 주신 하나님께 감사의 기도를 드린다.

2006년 2월

이상석

차례

I

정원설계

정원의 양식

정원의 기능과 공간

정원수목의 배식설계

정원설계의 과정

정원의 양식

정원의 양식은 지역이나 국가, 시대에 따라 다양하게 세분할 수 있는데, 각 지역의 자연환경, 종교, 문화 등 다양한 요인이 반영되었기 때문이다. 예를 들어 이탈리아의 노단식 정원Terrace garden은 빌라가 입지한 경사지의 특성을 살려서 몇 개의 테라스를 계단식으로 만들었으며, 프랑스의 평면기하학식 정원은 지형이 비교적 평평하여 수면이나 파르테르parterre와 같은 평면적 요소를 사용하고, 동시에 단순함을 극복하기 위해 삼림을 이용해서 비스타vista를 구성하도록 했다.

한편 18세기 영국에서 발달한 낭만주의적 풍경식 정원양식은 영국의 목가적인 자연풍경이 반영된 결과이기도 하지만 당시의 계몽주의사상과 회화에서 새롭게 등장한 풍경화기법, 문학의 낭만주의, 중국에서 전해 온 정원양식이 복합적으로 작용하여 만들어진 것이다.

동양에도 다양한 정원양식이 있는데 우리나라의 후원이나 일본의 축경식 정원도 자연환경을 반영하고 상징적인 심상의 세계를 구현한 고유한 정원양식이다. 그러므로 정원의 양식에서 단순히 미적 특징만 보기보다는 그러한 양식이 등장하게 된 다양한 요인을 연관시켜 이해해야 한다.

정원의 유형

정원의 유형은 다양하게 구분할 수 있지만 형태를 기준으로 크게 정형식 정원과 비정형식 정원 그리고 두 가지 양식이 혼합된 혼합식 정원으로 나눌 수 있다. 정원의 양식은 기후, 지형, 식생 등의 자연환경, 주변경관과의 조화, 지역의 특성, 이용자의 선호를 고려하여 결정해야 한다. 우리나라에서는 지금까지 자연스러운 분위기를 연출할 수 있는 비정형식 정원이 많이 사용되었으나 최근에는 다양한 양식을 적용해 개성적이면서도 독특한 정원을 만들려는 시도가 점차 늘어나고 있다.

정형식 정원

정형식 정원은 대칭적이거나 기하학적 형태의 짜임으로 만들어지는데, 부지가 좁고 모양이 방형인 경우에 정형식 정원을 택하는 경우가 많다. 정형식 정원의 한 형태인 기하학적인 형태는 다소 엄격한 분위기를 연출할 수 있으나 공간의 기능이 뚜렷하고 단순함이 주는 미적 감각을 즐길 수 있다.

정형식 정원에 도입되는 요소들도 전체 형태와 조화를 이루어야 한다. 정원의 전체적인 형태를 고려해 연못을 원형이나 사각형으로 만들고 벽천이나 분수는 기하학적인 형태로 만들 수 있으며, 나무는 원형이나 타원형 같은 정돈된 수형을 갖는 수목으로 정형적인 열식과 군식의 패턴으로 식재한다.

비정형식 정원

비정형식 정원은 자연의 경관을 모방하거나 재현하는 것으로서, 자연풍경식 정원과 유사한 형태를 취하게 된다. 정형식 정원과 반대로 부지가 비교적 넓고 모양이 정연하지 못한 경우, 건물의 형태가 한옥인 경우, 구릉지나 경사지를 자연상태 그대로 이용해 자연곡선을 살리고 싶은 경우에 비정형식 정원을 택한다.

땅 가름과 동선, 수로 등 선형은 자연곡선을 살리고 연못이나 폭포의 모양도 자연의 모습을 축소하거나 자연스러운 형태로 만든다. 사용하는 재료도 판석이나 자연석 등 자연상태 그대로 사용한다. 나무를 심을 때도 정형보다는 자연스러운 형태를 적극 활용하고 배식도 부등변삼각형 식재, 임의식재 등의 방법을 사용하여 자연미를 나타낸다.

혼합식 정원

정원을 만들 때 정형식과 비정형식 정원의 장점을 살려서 두 가지 양식을 하나의 정원에 도입하는 방법이다. 예를 들면, 건축물이나 구조물과 접하는 공간이나 진입로는 직선을 사용하고 여타 공간에는 나무나 시설물을 비정형식으로 자연스럽게 배치하는 방법이다.

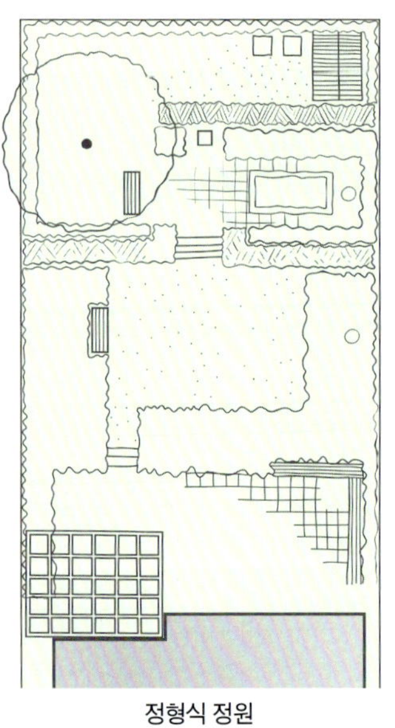
정형식 정원

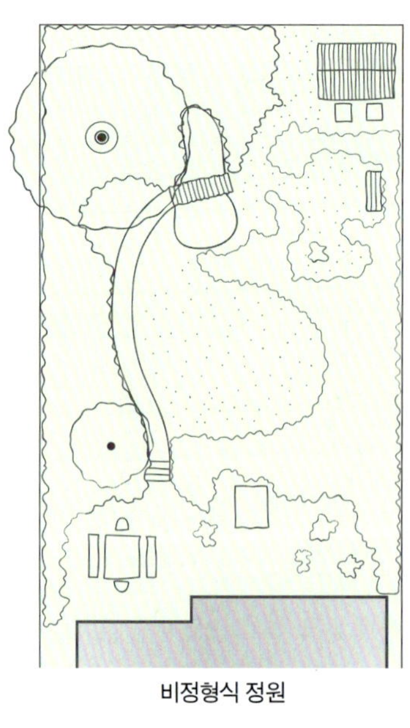
비정형식 정원

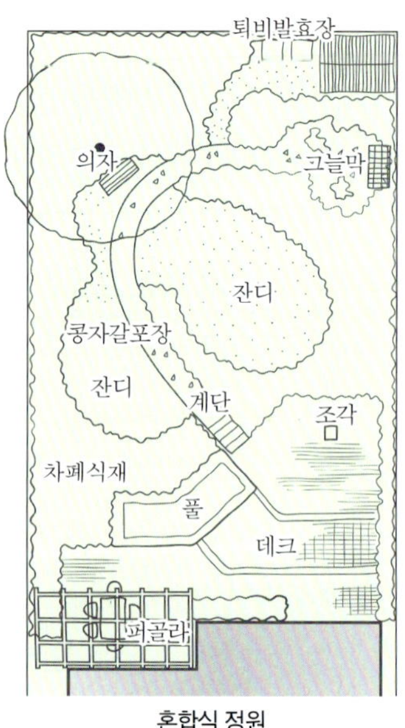

혼합식 정원

정원의 역사

에덴 동산

1660년대에 니콜라스 푸생*Nicolas Poussin*이 그린 풍경화로 성경 속에 등장하는 낙원인 에덴 동산의 모습을 보여주고 있다.

공중정원

기원전 500년경 바빌로니아왕국의 수도였으며 지금의 이라크 남부인 바빌론에 만들었던 공중정원*Hanging Gardens*. 세계 7대 불가사의 중 하나인 이 공중정원의 공식 명칭은 '삼무 라마트의 공중정원'이다. 공중정원의 건설을 실제로 추진한 사람으로 네부카드네자르 2세도 거론되고 있다. 이 정원은 토대를 세우고, 여기에 한 층을 만들고 그 위에 기름진 흙을 채워 화단을 만들었다. 연속된 계단식 테라스로 된 노대에 풀과 꽃, 나무를 심었기 때문에 멀리서 보면 마치 작은 산처럼 보였다고 전해진다(Howard Loxton, *The Garden*, London: Thames and Hudson, 1991, p.14).

헤네랄리페*Gcneralife*

아랍어로 천국의 정원을 의미하는 헤네랄리페*Generalife*는 스페인 그라나다 알람브라궁 옆에 있는 여름별궁이다. 이슬람 정원에서 물을 중시하고 잘 사용한 것처럼 이 궁전의 중정에는 가장 아름다운 수로의 중정*the Court of Canals*이 있다. 주변은 건물로 둘러싸이고 한쪽은 아케이드로 둘러싸여 있으며, 좁고 긴 축선상에 폭 1.2m의 운하가 만들어져 있고 양쪽에서는 수많은 분수들이 서로 아치 모양을 이루며 가늘고 긴 물줄기를 뿜어내고 있다.

타지마할*Tāj Mahal*

인도 무굴*Moghul*제국의 황제 샤 자한*Shāh Jahān*이 아이를 낳다가 죽은 부인을 추모하여 만든 무덤이다. 건물의 정면 마당에 수로가 있는 정형적인 무굴양식의 정원을 두고 좌우로는 회교사원과 회랑을 둔 구조이다. 스페인 알람브라궁과 함께 이슬람 건축과 정원의 백미로 꼽힌다.

◀ 빌라 에스테*Villa d'Este*의 계단

로마 근교에 있는 티볼리의 완만한 구릉 위에 만들어진 정원으로, 전체적으로 중심축선을 따라 지형의 특성을 이용하여 노단식 테라스와 계단으로 구성되어 있다.

▼ 빌라 에스테의 오르간 분수

Fountain of the Organ

빌라 에스테에는 용의 분수, 100개의 분수 등 많은 분수와 못이 있는데, 이중에서 가장 극적인 것은 물이 관에서 악기와 유사한 소리를 내도록 만들어져 있는 오르간 분수이다.

보르비콩트*Vaux-le-Vicomte* ▶

평지가 많았던 프랑스에서는 지형의 단조로움을 극복하기 위해 평면기하학식 정원이 등장했는데 저택과 정원을 축으로 배치하고 공간을 대칭적으로 구성했다. 넓은 잔디밭, 파르테르*parterre*, 총림, 토피어리*topiary*, 조각과 분수, 연못 등을 정원의 주요 구성요소로 사용하여 시각적 효과를 높였다. 보르비콩트는 루이 14세 때 재정담당이었던 니콜라 푸케*Nicolas Fouquet*가 보르비콩트에 앙드레 르 노트르를 정원사로 임명하여 1661년에 만든 정원이다. 그러나 정원에 초대받은 루이 14세는 이에 자극을 받아 푸케를 체포하여 감옥에 보내고 그 자신을 위한 베르사유 궁원을 만들게 하였다.

베르사유 궁원*Palais de Versailles* ▼

루이 14세가 르 노트르를 시켜 1685년 파리 근교에 만든 궁원이다. 루이 14세의 방에서 서쪽으로 뻗은 축을 중심으로 화단, 헤지*hedge*, 분수 등이 주위 자연경관과 조화를 이루며 구성되어 있다. 기본축을 따라 라톤의 분수, 아폴로의 분수, 십자 모양의 대운하를 배치했는데, 1,000개가 넘는 분수와 샘이 만들어져 있다.

▲ 헤렌하우젠 궁원

독일 하노버에 있는 헤렌하우젠 궁원은 17세기 베르사유궁원에 감명을 받은 요한 프리드리히 *Johann Friedrich* 공작이 자신의 여름별장이었던 부지에 만들도록 한 바로크식 정원이다. 정원은 중심축을 중심으로 대칭을 이루고 있으며, 바로크 스타일의 그랜드 파르테르 *grand parterre*, 분수, 폰드 *pond*, 토피어리 등이 만들어져 있다.

◀ 파르테르와 분수

▲ 큐가든*Kew Gardens*

1760년경에 만들어진 런던에 있는 왕실 소유의 식물원으로 세계에서 모은 30만 종에 달하는 다양한 식물이 있다. 서양정원에서는 최초로 중국식 건물과 탑을 세웠다.

세인트제임스 파크*St. James's Park* ▶

영국에서는 자연풍경식 정원이 유행했는데 전원의 목가적 풍경과 조화를 이루어 정원에는 곡선의 형태가 지배적으로 사용되었으며 자연형 연못, 랜덤식 배식, 완만한 구릉 등으로 구성되어 있다. 산업혁명 이후 왕과 귀족이 소유한 영지를 일반 시민들에게 개방하여 공원으로 꾸몄다.

◀ 전통주택의 정원

전통주택에 마당이나 담장 밑에 조그만 뜰을 조성하거나 전통적 요소를 도입하여 정원을 꾸민 예이다. 경주 남산에 만들어졌던 포석정을 본떠서 주택의 정원에 도입했다.

▼ 경복궁 교태전交泰殿 후정後庭

한국의 전통정원은 자연경관이나 주변지형과 적절한 조화를 이루도록 만들어져 소박하면서도 자연스러운 분위기를 연출한다. 경복궁 교태전 후정에는 화계花階에 꽃나무와 화초를 심어 계절에 따라 꽃을 즐길 수 있도록 해놓았고, 꽃경돌로 벽면에 십장생을 조각하고 붉은 박석으로 쌓아 올리고 검은 기와를 덮은 굴뚝을 만들었다. 아울러 주위에는 갖가지 아름다운 의장으로 꾸며진 화초담을 둘러놓았다.

경복궁 향원정香遠亭

경복궁 후원의 중심이 되는 곳에 마름모꼴의 방지方池와 둥근 섬이 있고, 섬 위에 아름답게 단청을 한 2층의 누각인 향원정이 있으며 섬과 연결하는 다리가 놓여 있다.

경주 안압지雁鴨池

『삼국사기』에 따르면 안압지는 674년 궁 안에 못을 파고 무산십이봉巫山十二峰을 본딴 석가산石假山을 만들었으며 화초를 심고 진금기수珍禽奇獸를 길렀다고 전해진다. 이렇게 낮은 곳에 연못을 만들어 물을 모으고 이것을 경관적으로 이용하는 조경기법은 전통적으로 우리에게 익숙한 방법이다.

◀ **보길도 세연정**洗然亭

고산 윤선도는 병자호란 후 그가 은둔생활을 하던 전남 완도군 보길도에 세연정을 만들고 방지 속에는 아름다운 암석을 배치하여 정원을 꾸몄다.

▼ **강릉 선교장**船橋莊

조선시대 양반주택인 선교장에는 활래정活來亭 앞에 사각형의 연못을 조성하여 가운데에 섬을 만들고 소나무를 심어 운치를 더하였다.

교토 료안지龍安寺 정원 ▶

일본 정원의 양식으로 가레산스이枯山水 정원이라고 불린다. 선禪사상에 입각하여 명상을 하기 위한 정원으로 사용되는데, 나무를 심지 않고 왕모래를 깔아 바다를 표현하고, 돌을 포석하여 섬을 축약적이고 상징적으로 나타내는 정원을 만들었다.

▼ 교토 긴카쿠지金閣寺 정원

1397년에 만들어진 교토京都에 있는 긴카쿠지 정원은 정토세계淨土世界를 구상한 정원으로, 3층 누각인 사리전舍利殿(金閣)을 중심으로 전면 못에는 구산팔해석九山八海石이라는 부석浮石이 앉혀져 있고 못에는 연을 심었다.

구마모토 스이젠지水前寺 정원

일본 구마모토熊本에 있는 스이젠지 정원에는 축소된 지형과 연못 그리고 주변 조형수를 이용하여 축경식으로 경관을 묘사하고 있다.

북경의 여름궁

실크 위에 그려진 여름궁 정원의 그림이다. 다리를 이용하여 공간과 정자를 연결하고 수변에는 돌을 쌓고 나무를 식재하여 이상향의 모습을 보여주고 있다(Howard Loxton, *The Garden*, London: Thames and Hudson, 1991, p.26.).

정원의 종류

자연식 정원

한국과 일본에서 주로 만들어진 정원양식이다. 곡선형 계류와 연못을 만들고 여기에 자연스럽게 정원수를 심고 돌을 배치하여 자연의 모습을 본뜬 것 같은 분위기를 연출하여 규모가 큰 경우에는 다리를 놓기도 한다. 자연의 모습을 도입할 수 있어 주택정원에 자주 사용된다.

자연식 정원 ▶

광릉수목원 ▼

미니멀 가든*Minimal Garden*

기본적으로는 단순함을 추구하면서도 한편으로는 미묘하고 상징적인 내용을 전달하며, 명확한 선 · 기하학적 형태 · 암시적 색채 등으로 순수하고 부드러우며, 잘 짜인 미적 감각을 전달하는 정원이다.

◀ 미니멀 가든
미니멀 가든의 대표적 요소인 낮은 벽이 지그재그로 정원의 화단을 구획하고 화단에는 다양한 선인장과 용설란 등을 식재하였다.

▼ 베를린 미니멀 가든

암석원*Rock Garden*

자연의 암석이나 돌을 재료로 하여 정원의 골격을 만들고 여기에 허브나 초화류, 관목을 식재하여 시각적으로 다양하고 흥미로운 경관을 연출한다.

샌프란시스코 골든게이트 파크의 암석원 ▶
Golden Gate Park in San Francisco

일본 아이치 엑스포 암석원 ▶

▲ 라스베이거스 주변의 암석원

◀ 독일 하노버 베르크 가든

Berg Garden in Hannover

야생화 정원 *Wild Flower Garden*

지역의 특성에 맞는 다양한 야생화를 이용해 자연적 분위기를 연출하고 꽃과 향기, 열매를 감상할 수 있으며, 자체적으로 식물원의 기능을 한다. 일부 야생화는 허브식물이므로 허브정원과 겸용으로 꾸밀 수 있다.

샌프란시스코 골든게이트 파크의 야생화정원 ▲

남산 야생화 공원 ▶

허브 가든*Herb Garden*

다양한 허브 식물을 심어 허브의 향과 꽃을 즐길 수 있으며, 토피어리 같은 장식화단을 만들 수 있다. 야생화와 허브를 이용하면 사람들의 심신안정 및 심리치료와 같은 식물치료 효과를 얻을 수 있다.

◀ ▲ 독일 하노버 베르크 가든

장미정원*Rose Garden*

장미는 정원에서 가장 중요한 조경식물 중 하나이다. 개화기가 길고, 향기로우며, 꽃의 색깔이 아름다워서 많은 사람들에게 사랑받는 매력적인 수종으로 선발대회가 많이 개최되고 있다. 장미를 이용하여 정원에 정형식 화단과 비정형식 화단을 만들 수 있으며, 독특한 아름다움을 창출할 수 있다.

미국 오리건주 포틀랜드 장미정원

Rose Garden in Potland ▼ ▶

매년 장미품평회를 열어 최고의 장미를 선발하여 장미정원을 꾸며놓고 있어 다양한 품종을 감상할 수 있다.

연못정원

연못을 중심으로 다양한 수생식물이 자랄 수 있도록 함과 동시에 연못이 물을 생태적으로 정화하는 역할을 하도록 만들었다. 관상적 · 생태적 · 경관적 효과를 동시에 얻을 수 있는 정원이다.

◀ 미국 캘리포니아 나파밸리의 연못
Napa Valley in California

일본 아이치 엑스포의 연못 ▼

채소원*Vegetable Garden*

정원에 채소를 심으면 관상가치가 있을 뿐만 아니라 신선한 채소를 직접 기르고 수확할 수 있어 정원을 가꾸는 기쁨이 배가 될 수 있다.

텃밭 ▼ ▶

조각정원 *Sculpture Garden*

정원인 동시에 예술작품을 감상하는 복합적 의미를 갖는 공간으로 다양한 조각이나 장식물을 정원에 배치하여 꾸민 정원이다. 조각의 배경으로 정원을 꾸미거나 정원을 더욱 아름답게 하기 위해 조각을 설치하게 되는데 어느 경우든 조각과 정원의 조화가 중요하다.

◀ 스탠포드대학교 로댕조각공원
The Rodin Sculpture Garden in Stanford University
미국 스탠포드대학교에 있는 로댕조각공원에는, 로댕*Auguste Rodin*의 대표작인 지옥의 문을 비롯하여 20여 점의 조각작품이 전시되어 있다.

◀ 미국 워싱턴 D.C.의 히시혼 조각정원
Hishhorn Museum and Sculpture Garden in Washington D.C.
스미스소니언 박물관*Smithsonian Art Museum*에 많은 예술품을 기증한 히시혼*Joseph H. Hirshhorn*을 기리기 위하여 스미스소니언 위원회가 박물관 맞은편에 만든 조각공원이다.

서울 올림픽공원의 조각정원 ▶

하노버 헤렌하우젠 궁원*Herrenhausen Gartens in Hannover*의 라 그로테*La Grotte* ▶
니키 드 상팔*Niki de Saint Phalle*은 헤렌하우젠 궁원에 있는 인공동굴 그로테에 유리, 타일, 자갈을 이용하여 표면이 굽이치는 역동적인 패턴의 조각품을 만들었다.

옥상정원*Roof Garden*

주택이나 건물의 옥상에 정원을 만들면 부족한 도시의 녹지를 늘릴 수 있으며, 가족이나 방문객이 휴식할 수 있는 공간으로도 이용될 수 있다. 식물의 생육조건이 좋지 않기 때문에 생육을 위한 최소 토심을 확보하고 바람 등의 피해를 입지 않도록 주의해야 한다. 때로는 사생활을 보호하기 위해 차폐를 해야 한다.

▲ 샌프란시스코 예바부에나 파크*Yerba Buena Park* 옥상정원

◀ 오사카 난바 파크*Nanba Park* 옥상정원

토피어리 가든*Topiary Garden*

맹아력이 뛰어난 식물을 이용하여 동물이나 조형적인 형태를 만들어 시각적 효과를 높일 수 있다. 토피어리 가든을 만들기 위해서는 사전에 원하는 형태를 정하고 적합한 식물을 심어야 하며, 주기적으로 전정 작업을 해주어야 한다.

독일 뉘른베르크 성*Nürnberg castle*의 토피어리 가든 ▶

캘리포니아 디즈니랜드*Disneyland*의 토피어리 가든 ▼

실내정원*Interior Garden*

정원을 외부로부터 끌어 들여 실내에서 정원을 가꾸고 감상할 수 있도록 한 것이다. 실내환경은 외부와 많은 차이가 있으므로 식물이 자랄 수 있도록 수분, 온도, 빛을 잘 관리해 주어야 하며, 아울러 병충해의 예방에도 주의해야 한다.

◀ 필리핀 보라카이 리조트 실내정원

▼ 김포공항의 실내정원

독일 하노버 실내정원*Garden of Kronsberg Housing in Hannover*
독일 하노버에 있는 크론스베르크 *Kronsberg* 주거단지는 건물과 건물 사이에 실내정원을 만들어 놓았다. 여기에는 태양의 빛과 열을 조절하는 장치와 실내정원의 온도를 자동으로 조절하는 환기장치를 실내정원에 도입하여, 일 년 내내 기온이 일정하게 유지되어 식물이 자랄 수 있도록 하였다. 또한 노약자들이 생활하기에 좋은 환경을 꾸며 놓아 많은 인기를 얻고 있어 정원의 실용성이 과학적 지식과 연계된 영역으로 발전되고 있음을 잘 알 수 있다.

아름다운 화단

꽃이 피는 다양한 초화류나 관목을 식재하여 시각적으로 만족스러운 화단을 만들 수 있다.

대표적으로 꽃이 아름다운 장미, 난, 연꽃을 식재하면 훌륭한 장미원이나 난정원을 꾸밀 수 있다.

에버랜드 꽃화단

이스탄불의 꽃화단

서울대공원

미국 포틀랜드의 장미원

제주 여미지식물원

캘리포니아 페블비치 골프장

아이치 엑스포

개포 시민의 숲

나고야 난정원

파리 몽마르트르의 사크레 쾨르 사원

서울 S 백화점

아이치 엑스포

나고야 난정원

필리핀 보라카이

나고야 난정원

개인주택 옥상정원

정원의 기능과 공간

정원은 복잡하고 바쁜 현대생활 속에서 잠시나마 휴식할 수 있는 공간을 제공해 줄 뿐만 아니라 식물을 재배할 수 있는 실용적인 공간과 미적 가치를 구현할 수 있는 아름다운 공간으로서의 가치도 증대되고 있다.

정원을 만들 때 고려해야 할 중요한 사항이 몇 가지 있다. 첫째, 자연에 대한 인식이다. 기존에 있던 나무와 풀이 그대로 자랄 수 있도록 자연을 유지하고 최소한으로 간섭하는 방법과 정원을 원하는 모습으로 인공적으로 조성하는 방법 사이에 신중한 판단이 필요하다. 가능하다면 자연을 그대로 이용하는 방법을 권하고 싶다.

둘째, 정원의 미적 가치이다. 정원은 하나의 예술작품이다. 꽃과 나무, 조각, 연못, 데크, 경관조명 등 정원을 구성하는 요소들을 이용해 아름답게 가꾸어야 한다.

셋째, 정원의 실용성이다. 정원에서는 휴식, 독서, 감상, 운동, 놀이, 산책, 작업 등 다양한 활동이 이루어져야 한다. 때로는 채소 재배나 유실수 재배 같은 생산활동을 할 수도 있다. 이러한 목적이 이루어질 수 있도록 공간을 설정하고 구성해야 한다.

마지막으로 정원과 건물의 관계이다. 정원은 건축물과 적절한 조화를 이루어야 한다. 정원과 주택의 형태를 통일하는 것은 기본이며, 주택의 대문, 현관, 테라스 terrace, 거실도 정원과 유기적으로 연결되어야 한다.

정원의 기능

주택은 인간생활의 본거지로서 가족이 사생활을 영위할 수 있도록 하고 가족들에게 사회생활을 하기 위한 에너지를 공급하며 주택에 살고 있는 사람의 신분과 사회적 지위를 상징하는 의미도 있다. 따라서 정원도 주택에 단순히 부속되어 있는 공간이 아니라 실용적 · 상징적 · 미적 기능을 가진 공간으로서의 역할을 다양하게 수행해야 한다.

가족을 위한 생활공간

옥외생활공간으로 가족들이 심신의 피로를 회복하고, 건강을 위한 운동을 하며, 어린이가 자유롭게 놀 수 있고, 작업을 할 수 있는 공간이다.

가족의 사생활을 보호

정원의 주택 경계부에 수목을 심거나 담장을 둘러 외부를 차단해 정원 내부에는 위요감을 갖게 하여 가족의 사생활을 보호한다.

쾌적하고 건강한 환경

정원에 심은 식물은 인체에 필요한 산소를 공급해 주고 외부로부터 날아오는 분진이나 매연을 막아주며, 뜨거운 햇빛을 차단하고 여름철에 시원함을 느낄 수 있도록 해준다.

감각적 가치

아름다운 꽃과 잎, 열매, 장식물, 연못 등 정원의 조형적 가치가 가족들에게 큰 미적 즐거움을 전달해 주며, 아름다운 향기는 사람들의 심성을 순화시키고 흥미를 유발하기도 한다.

생산을 위한 공간

정원에 유실수를 심어 과실을 수확하거나 채소나 약초 등을 재배할 수 있다. 조선시대에 부녀자들이 후원에서 식물을 기른 것이나 중세 유럽의 수도원에서 유실수나 채소를 가꾼 실용원이 있었던 것은 좋은 예이다. 특히, 오늘날 건강한 삶(웰빙*well-being*)에 대한 욕구가 증가하면서 정원에서 이루어지는 식물생산은 가족들에게 중요한 여가활동으로 인식되고 있다.

교양학습의 공간

정원에서 자라나는 식물들이 꽃을 피우고 열매를 맺는 일련의 과정과 새, 물고기, 동물 등의 생활을 보면서 자연에 대한 이해를 높이고 생명의 존엄성과 신비함을 느낄 수 있는 좋은 학습공간이 된다.

정서순화

복잡한 도시환경 속에서 자연을 느낄 수 있는 정원에서 사람들은 심신의 안정을 찾을 수 있으며 정서적으로도 순화되어 생활의 여유를 가질 수 있다. 특히 자라나는 어린이들의 정서순화에 정원은 매우 중요한 가치를 갖는다.

자연과 문화를 나타냄

정원은 그곳에서 살고 있는 사람들의 생활방식이나 문화를 반영한다. 작게는 정원의 주인과 가족의 기호를 대변하기도 하며 크게는 문화특성을 포함하기도 한다. 그래서 서양에서는 정원을 새롭게 만들었을 때, 친지를 초청하여 정원의 아름다움을 함께 즐기는 시간을 갖기도 한다.

제주도 여미지식물원

정원의 공간분할

주택 내부의 각종 생활공간이 다양한 기능을 하고 있는 것처럼 주택의 정원도 다양한 공간으로 세분할 수 있다. 주택의 외부공간은 내부생활공간과 깊은 관계를 가지면서 만들어지는데, 현관부분을 전정前庭, 앞뜰을 주정主庭, 뒤뜰을 후정後庭, 옆뜰을 측정側庭, 이와 별도로 작업을 위한 작업정作業庭으로 구분할 수 있다.

전정은 대문과 현관 사이에 있는 공간으로 대문, 진입공간, 주차장 등이 포함된다. 외부공간에서 주택의 사적 공간으로 들어오는 전이공간으로서 주택의 첫인상이라 할 수 있으므로 단순하지만 특징이 있는 것이 좋으며, 정원과 주택을 완전히 노출시키지 않고 기대감을 갖도록 부분적으로 차단하는 것이 좋다. 대지 규모가 협소할 때 전정은 주정의 부분이 될 수 있다.

주정은 정원에서 가장 중요한 공간으로 가족의 휴식과 여가활동이 이루어지는 곳이며 가장 특색 있게 꾸밀 수 있는 장소이다. 주정에는 테라스 · 파티오 · 연못 · 화단 · 잔디밭 등이 만들어지며, 실내공간의 거실 · 식당 · 서재 등과 연계되어야 한다. 주정은 가족의 구성 및 성격과 요구에 따라 설계되는데 너무 다양하고 번잡한 것보다 앞에서 제시된 정원의 양식이나 특징적인 주제를 정해서 꾸미는 것이 좋다. 아울러 다목적으로 이용하기 위해서 중심부를 비워놓거나, 녹음수를 심거나 퍼골라 · 정자 등을 설치해서 그늘을 제공할 수도 있다.

후정은 실내의 침실이나 휴식공간과 연결되는 조용하고 정숙한 분위기의 공간이다. 침실에서의 전망이나 동선은 살리되 외부의 접근을 차단하고 시각적으로 사생활이 최대한 보장되도록 하는 것이 좋다. 공간의 넓이가 좁고 남향집에서는 햇빛이 들지 않는 경우가 많으므로 음지식물을 심는 것이 좋다. 만약 지형이 경사진 경우에는 우리나라의 후원양식처럼 단 처리를 하여 화계를 만들 수 있다.

측정은 대부분의 경우 폭이 좁아 면적이 넓지 못한 경우가 많으므로 큰 시설을 설치하거나 나무를 심기 어렵다. 그러나 측정이 비교적 넓다면 어린이 놀이시설이나 체력단련을 위한 운동시설을 설치하면 좋다. 대지 경계부에 차폐식재를 하고 바닥에는 디딤돌을 놓아 보행로를 만들고 주변에 초화류를 심어 가꾸는 등 가족의 기호에 따라 다른 모습을 연출할 수도 있다.

작업정은 외부공간에서 작업하기 위해 필요한 공간으로, 잔디깎기와 관수장비 등 정원관리장비 보관시설, 장독대, 건조장, 채소밭, 수리와 보관장소 등을 설치할 수 있다. 이 공간은 대체로 지저분한 장소로 인식될 수 있으나 눈에 잘 띄지 않는다고 해서 방치해 두지 말고 깨끗하게 정리하며 사용해야 한다. 작업정은 전정과 후정과는 시각적으로 어느 정도 차단하면서 동선을 연결해야 이용하기에 편하다.

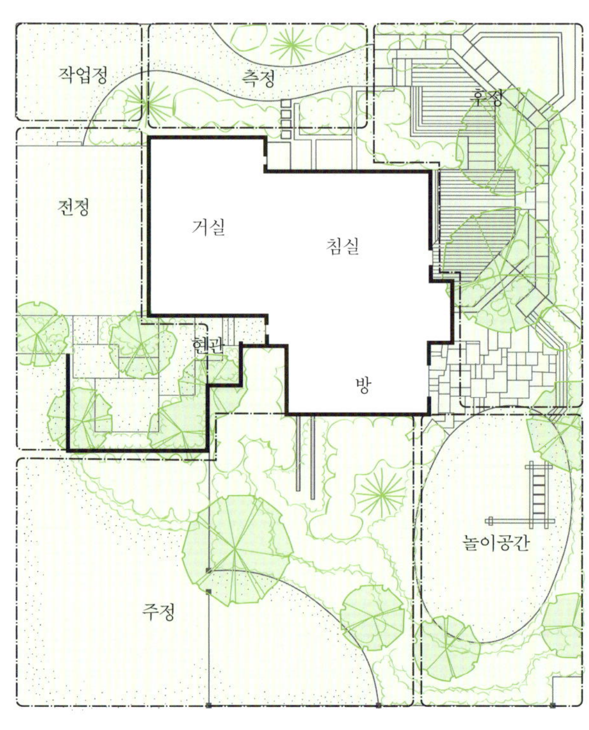

정원의 공간분할

공간구성의 원칙

정원에는 조각, 자연석, 정원수목과 같은 다양한 요소들이 구성됨으로써 미적 감흥을 주게 된다. 잘 만들어진 정원에서는 사람들이 공통적으로 아름답게 느끼는 미적 구성원리를 찾아볼 수 있으며 통일 · 리듬 · 조화 · 균형 · 반복 · 축 · 초점을 정원설계를 위한 공간구성의 원칙으로 활용할 수 있다.

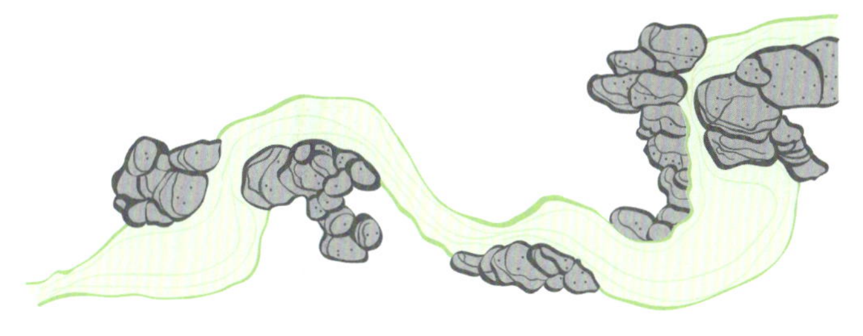

◀ 통일

분리되어 있는 설계요소들을 전체적으로 하나의 구성으로 합치는 것이다. 다양한 정원의 구성요소를 하나의 구성주제에 따라 배열하거나 선 · 형태 · 질감 · 색의 반복을 통해 얻을 수 있다.

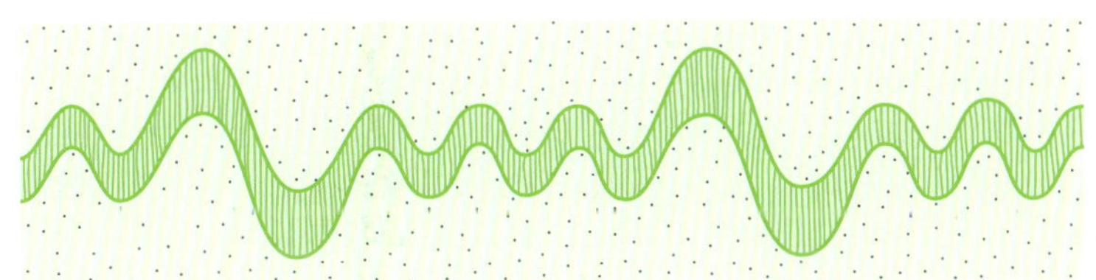

◀ 리듬

시간과 공간의 연속에 따라 유사한 패턴이나 형태의 반복을 통해 사람의 시선을 한 곳으로부터 다른 곳으로 이동시켜 얻을 수 있으며, 정원에 흥미로운 운동감을 줄 수 있다.

◀ 조화

개체적인 정원의 요소들이 서로 일치되거나 주변과 짜임새를 이루는 상태이다. 정원요소들 사이의 부드러운 전이, 강한 연계, 적절한 구성을 통해 나타난다.

균형 ▶

균형은 평형상태를 뜻한다. 정원의 요소와 공간은 시각적인 무게로 적절히 균형을 이루는 것이 좋다. 정형식 정원에서의 기하학적 대칭이나 자연식 정원에서 부정형의 경관요소 중 크고 작음, 밝고 어두움, 곱고 거칢 등에 의한 흐름과 운동은 균형감을 만들어낸다.

반복 ▶

정원에 비슷한 형태나 요소를 반복해서 배치하면 시각적 방향감과 연속성을 부여할 수 있다. 이러한 효과는 보행로 포장에 적용할 수 있으며 자연스럽고 점진적인 운동감을 줄 수 있다.

축 ▶

정원을 구성하는 요소 중 보도나 연못은 중심요소로서 정원의 축이 될 수 있다. 기하학적으로 대칭인 정원에서 축은 시선의 중심이 되며, 균형감을 얻기 위한 중요한 원리이다.

초점 ▶

정원에서 시선을 끄는 매력적 요소가 바로 초점요소이다. 벤치, 정자, 풀, 조각 등을 축의 한쪽 끝에 배치하게 되면 이러한 효과를 얻을 수 있다. 초점요소 때문에 정원은 강한 구심점이 생겨 주변 배경과 일체된 효과를 얻을 수 있다.

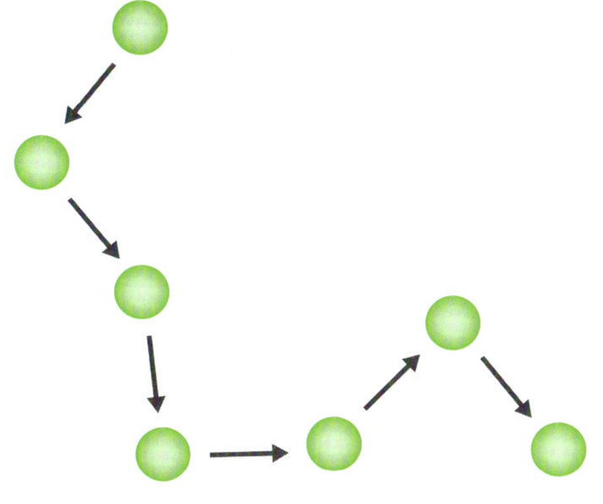

◀ 연속성

움직임을 통한 연속적인 공간이나 정원요소의 연속적인 전개를 통해 얻을 수 있다. 예를 들어 정원에서 물이 흐르고 폭포로 떨어져 연못에 고이는 일련의 물흐름의 과정이나, 곡선의 보행로를 통한 시각적 변화는 연속성을 얻을 수 있는 좋은 사례이다.

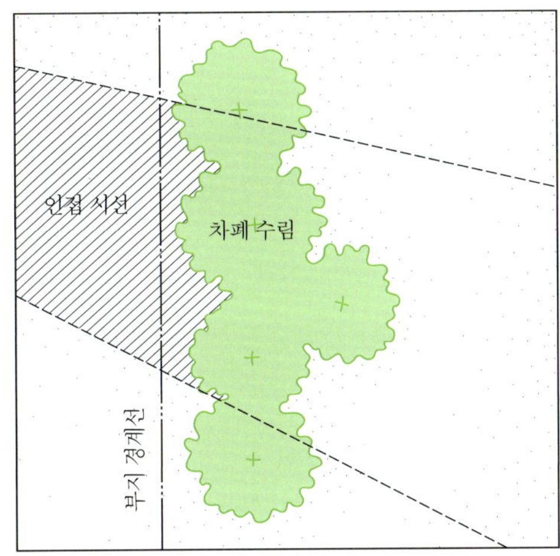

◀ 차폐

대부분의 주택정원은 인근의 주택과 접해 있거나 외부에 노출되기 쉬운 경우가 많다. 이때 가족들의 사생활을 보호하기 위해서는 외부로부터의 시선을 차단하는 조경수목이나 울타리, 담을 이용한 차폐가 필요하다.

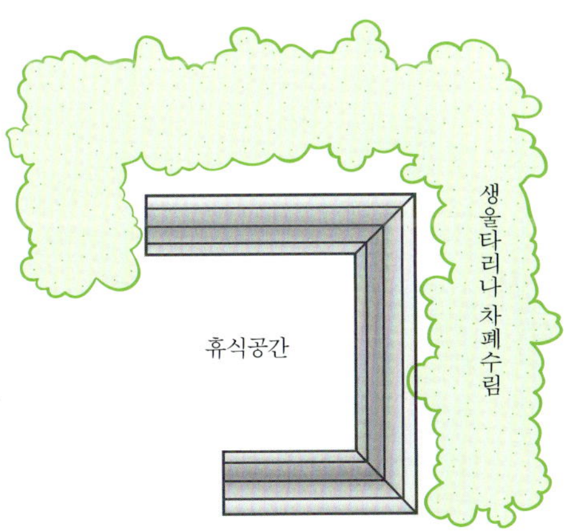

◀ 위요

정원 내 후정이나 전정에 가족이나 부부의 휴식을 위한 위요공간을 만들 수 있다. 일정 공간을 생울타리나 나무로 둘러쳐서 위요감을 형성할 수 있으며, 휴식을 위한 의자를 설치하면 더욱 효과적이다.

균형
리듬
반복과 연속성
위요

조화

차폐

축과 초점

공간구성원칙이 적용된 사례

정원설계의 미적 요소

정원에 심는 수목이나 정원요소는 색, 질감, 형태, 향기 등 다양한 감각적 특성을 가지고 있다. 특히 수목의 시각적 특성은 설계에서 매우 중요한 요소이다. 이러한 특성은 개별적이면서 동시에 다른 요소와의 관계를 고려해 설계해야 한다.

꽃

✿ : 꽃 🐝 : 꿀

3월

동백나무(적색)
풍년화(황색)
생강나무(황색)
산수유(황색)
매실나무(담홍색) ✿
개나리(황색)

4월

살구나무(담홍색)
만리화(황색)
왕벚나무(담홍색)
벚나무(담홍색)
댕강나무(백색)
명자나무(담홍색)
미선나무(황색) ✿
박태기나무(자홍색)
배나무(백색)
백목련(백색) ✿
목련(백색) ✿
자주목련(자주색)
복사나무(담홍색)
진달래(담홍색)
수수꽃다리(담자색) ✿
앵두나무(연분홍색) ✿
옥매(백색)
자두나무(백색)
산철쭉(홍자색)
조팝나무(백색)
죽단화(황색)
귀룽나무(백색)
겹벚나무(담홍색)
황매화(황색)
매발톱나무(담황색)
히어리(황색)
복숭아나무(담홍색)
꽃사과(담홍색)
분꽃나무(연분홍색)

5월

꽃아까시나무(담홍색)
괴불나무(백색→황색) 🐝
댕강나무(백색)
때죽나무(백색)
쪽동백나무(백색)
덜꿩나무(백색)
돈나무(백색→황색) ✿ 🐝
등나무(연자색) ✿ 🐝
꽃말발도리(백색)
배사나무(황색)
모과나무(담홍색)
모란(홍자색)
백당나무(백색)
튤립나무(녹황색)
병꽃나무(황록색→적색)
붉은병꽃나무(담홍색)
말채나무(백색)
산딸나무(백색)

산사나무(백색)
층층나무(백색)
쥐똥나무(백색)
아까시나무(백색)
아그배나무(연분홍)
팥배나무(백색)
마가목(백색)
석류(주홍색)
이팝나무(백색)
일본목련(황백색)
철쭉(분홍)
칠엽수(홍백색)
태산목(백색)
함박꽃나무(백색)
노린재나무(황백색)
탱자나무(백색)
보리수나무(백색)
가막살나무(백색)
영산홍(담홍자색)

6월

인동덩굴(백색→황색)
개쉬땅나무(백색)
꽃개오동나무(황백색)
낙상홍(담홍색)
해당화(자홍색)
노각나무(백색)
염주나무(황백색)
피나무(담황색)
수국(벽색)
산수국(벽색)
피라칸사(백색)
모감주나무(황색)
치자나무(백색)
실유카(백색)
꼬리조팝나무(담홍색)
광나무(백색)
꽃댕강나무(백색 · 담홍색)

7~8월

자귀나무(담홍색)
구주피나무(황색)
나무수국(백색 · 담자색)
협죽도(도홍색)
불두화(백색)
쉬나무(백색)
무궁화(백색 · 담자색)
회화나무(황색)
배롱나무(홍색)
능소화(주황색)
누리장나무(백색 · 담홍색)

9~10월

은목서(담황색)
금목서(등황색)
싸리나무(자색)

10~12월

호랑가시나무(백색)
팔손이(백색)

열매

: 식용 : 새먹이

5월
팔손이(흑색)
후박나무(흑자색)

6월
앵두나무(적색)

7월
귀룽나무(흑색)
살구나무(황적색)
자두나무(자색)
매실나무(황색 · 녹색)

8월
해당화
후박나무(흑자색)
배나무(황색)
복숭아나무(황록색)
담쟁이덩굴(흑색)
무화과나무(황록색 · 흑자주색)

9월
주목(적색→흑색)
먼나무(적색)
감탕나무(흑자색)
동백나무(흑자색)
아왜나무(흑자색)
호두나무(담자갈색)
밤나무(다갈색)
산사나무(홍색)
칠엽수(갈색)
피나무(적색)
석류나무(홍황색)
층층나무(홍색 → 흑색)
말채나무(흑색)
산딸나무(적색)
때죽나무(갈색)
대추나무(적갈색)
이팝나무(벽흑색)
돈나무(적색)
치자나무(황홍색)
매자나무(적색)
당매자나무(적색)
생강나무(흑색)
명자나무(황색)
탱자나무(황색)
화살나무(적색)
오갈피나무(흑색)
노린재나무(벽색)
괴불나무(적색)
백당나무(적색)
덜꿩나무(주홍색)
가막살나무(주홍색)
등나무(녹색)
인동덩굴(흑색)
호랑가시나무(적색)

10월
피라칸사스(적색 · 등황색)
모과나무(황색)
팥배나무(황적색)
잣나무(회갈색)
은행나무(황색)
상수리나무(갈색)
팽나무(적황색)
목련(적색)
함박꽃나무(적색)
일본목련(홍자색)
꽃사과(황색)
아그배나무(적색)
야광나무(황색 · 홍색)
서부해당화(홍색)
콩배나무(녹갈색→흑색)
산돌배나무(다갈색)
마가목(적색)
회화나무(황록색)
쉬나무(적색)
참빗살나무(적색)
산수유(적색)
감나무(황홍색)
꽃개오동(갈색)
모감주나무(황색)
남천(적색)
사철나무(적색)
식나무(적색)
광나무(흑자색)
낙상홍(적색)
보리수나무(적색)
쥐똥나무(흑색)
좀작살나무(농자색)
작살나무(자색)
누리장나무(벽색)
노박덩굴(황색)

색

사람들은 빛의 자극을 통하여 색을 지각하게 되는데, 색은 색상, 명도, 채도의 3가지 속성을 가지고 있다. 보통 사람들은 감각의 70~80%를 시각에 의존하기 때문에 지각요소로서 색은 매우 중요한 속성이다. 우리의 눈이 색을 지각하기 위해서는 밝기, 대상의 크기, 대비, 노출시간의 조건을 갖추어야 한다. 이것은 색의 연출을 위한 변화요인이므로 정원을 다양하게 연출하려면 고려해야 한다.

식물의 꽃 · 잎 · 열매 · 줄기를 이용한 색의 연출은 정원을 만드는 데 고려해야 할 중요한 사항이다. 개나리, 철쭉, 벚꽃 등의 다양한 색과 단풍나무나 은행나무의 단풍, 잎의 주조색인 녹색을 조화롭게 구성하면 다양한 연출효과를 얻을 수 있다. 설계시 수목에 의한 색의 연출효과는 일시적인 것뿐만 아니라 사계절에 걸쳐 계절감과 아름다움을 느낄 수 있도록 고려하는 것이 좋다.

모란

무궁화

루드베키아

원추리

단풍나무

수국

복자기

장미

찔레

수레국화

철쭉

튤립

질감

질감은 정원요소의 표면을 손으로 만져 전해지는 느낌인데 '매끄럽다', '거칠다', '우툴두툴하다' 등의 여러 가지 감촉을 느낄 수 있다. 이러한 촉각적 질감에 대한 경험이 축적되면 손으로 만지지 않고 눈으로만 보고도 그 느낌을 짐작할 수 있는데, 이것을 시각적 질감이라고 한다. 촉각적 질감과 달리 시각적 질감은 거리에 따라 달리 느껴지기도 하는데, 먼 거리에서 보면 평평하게 균질한 면으로 보이지만 가까운 거리에서 보면 오히려 거친 질감일 때도 있다. 정원에서는 수목의 수피, 지피식물의 잎, 잔디 면, 콘크리트 면, 포장 면에서 부드럽거나 거친 질감을 느끼게 되는데 요소들 간의 상대적인 질감 차이를 이용하여 다양한 미적 반응을 얻을 수 있다. 정원을 만들 때 다양한 질감의 차이를 활용하면 시각적인 아름다움뿐만 아니라 촉각적 즐거움도 느낄 수 있어 효과적이다.

양버즘나무

십자고사리

호랑가시나무

꽝꽝나무

배추
소나무
황벽나무
자작나무
실유카
목서
담쟁이덩굴
아이비

형태

형태는 정원수목을 분류하는 가장 기본적인 기준이다. 수목의 크기에 따라 교목, 관목, 만경류로 구분하고, 잎의 형태에 따라 활엽수와 침엽수로 구분하기도 한다. 인공적인 조형물과 달리 정원수목은 수목의 종류에 따라 고유한 형태를 가지고 있어 양측형, 원추형, 우산형, 원정형 등의 수형으로 다양하게 구분할 수 있다. 수형은 정원의 조형적 효과에 큰 영향을 주게 되는데, 특히 수목은 성장단계에 따라 형태가 달라지므로 설계할 때 수목의 형태적 특성을 잘 이해해야 한다.

아울러 주목, 가이즈카 향나무, 회양목 등 맹아력이 강한 수목을 이용하여 기하학적인 형태인 원추형이나 반구형으로 다듬거나, 때로는 새나 동물의 모습을 본뜬 토피어리*topiary*를 만들면 정형식 정원의 조형적 형태요소로 활용할 수 있다.

미국풍나무

조형소나무

극락조화

빅토리아 연꽃
실유카
굴거리나무
호두나무
자작나무
분단나무
연꽃
수국

수관의 형태

● 양촉형洋燭形—촛불처럼 가늘고 긴 수관을 형성하는 것으로서 중심줄기가 있으며 잔가지가 짧게 측생한다(향나무, 양버들, 사이프러스, 비자나무 등).

● 원추형圓錐形—윗부분이 뾰족하고 전체가 긴 삼각형 모양인 수형을 가리키며, 이러한 수관은 침엽수에서 많이 나타난다(전나무, 낙엽송 등).

● 우산형雨傘形—우산과 같은 생김새의 수관을 말하며 지하고와 가지의 확장 정도에 따라 수관의 크기가 달라진다(편백, 화백, 솔송나무 등).

● 원정형圓頂形—길게 아래로 늘어지는 가지로 구성된 수관형으로 전체 모양은 종과 비슷하다(반송, 능수버들, 수양벚나무 등).

● 난형卵形—나무가 크게 자란 뒤에 아랫가지가 말라 죽어서 형성되는 수관형이다(가시나무, 구실잣밤나무 등).

● 원주형圓柱形—기둥과 같이 아랫부분에서 윗부분까지 같은 너비로 수관이 자라나는 형태이다(계수나무, 측백나무, 사철나무 등).

● 각형角形—자연에서는 나타나지 않고 나무의 수관을 인위적으로 가다듬어 각진 형태의 형상수로 만든 형태이다.

● 배상형盃狀形—술잔 같은 모양의 수관으로 수관 상단부가 대체로 평면을 이루거나 넓고 완만한 곡선을 그린다(느티나무 등).

● 반구형半球形—반구의 형태로서 주로 관목에서 많이 나타난다(회양목, 옥향, 둥근주목 등).

● 포복형匍腹形—줄기가 직립하지 않고 지표를 기는 듯한 생김새로 자라는 형태이다(눈주목, 눈향나무 등).

● 자유형自由形—줄기와 가지가 자연스러운 곡선을 유지하는 형태이다(소나무 등).

● 만경형蔓莖形—스스로의 힘으로는 직립할 수 없고, 다른 물체를 감아 올라가며 자라는 형태이다(등나무, 능소화, 으름덩굴 등).

● 수양형垂楊形—줄기가 다간으로 늘어지는 형태이다(수양버들 등).

● 조형형造型形—맹아력이 뛰어나 자연의 상태를 다듬어 아름답게 만든 형태이다(조형섬잣나무, 조형소나무, 가이즈카 향나무 등).

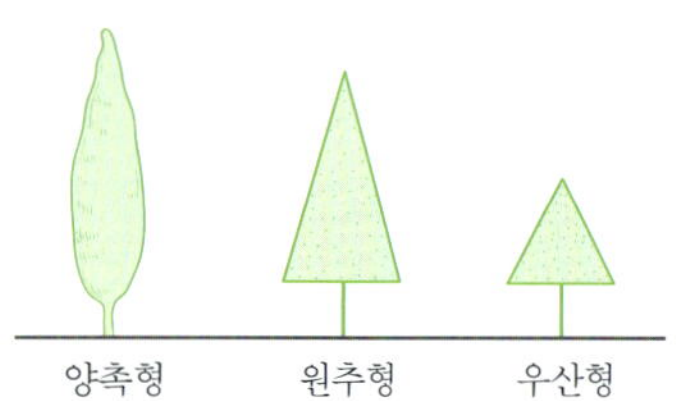

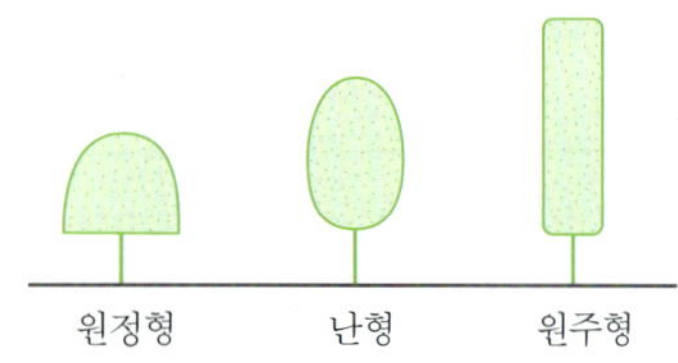

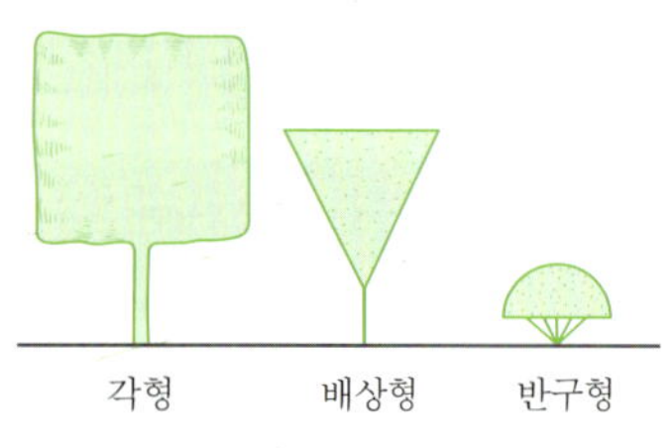

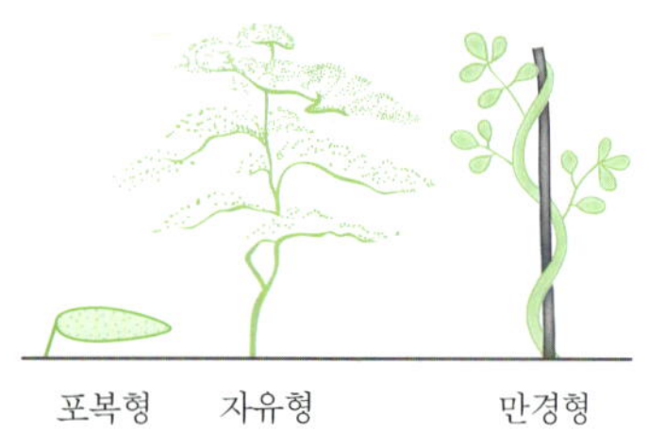

수관의 형태

향기

향기는 어떤 화학물질이 미립자 상태로 공기 속을 부유하면서 사람의 후각 세포를 자극할 때 느끼게 된다. 식물의 향기는 종에 따라 다르고 매우 독특하며 매혹적인 경우가 많다. 특히 정원에서 자라는 다양한 수목의 꽃 · 잎 · 열매는 고유한 향을 가지고 있어 곤충을 불러 모으거나 사람들에게 매혹적인 향을 선사하기도 한다. 예를 들어 등나무꽃, 수수꽃다리의 꽃, 치자꽃, 허브 식물, 모과의 열매 등은 사람들이 좋아하는 향기를 전달해 주며, 정원의 독특한 분위기를 연출할 수 있다.

정원에서 계절별로 은은하게 전달되는 향은 사람들의 감정을 불러일으키고 즐거움을 주기도 하며, 식물을 이용한 정신치료에 활용될 수 있다. 특히 허브의 향은 향기치료요법에 사용되어 정신의 안정뿐만 아니라 신체질병 치료에도 효과가 있는 것으로 알려져 있다.

이팝나무

수수꽃다리

장미

치자나무

목련
실유카
등나무
모과나무
돈나무
밤나무
노루오줌
구절초

정원수목의 배식설계

정원에 수목을 심는 것은 수목이 지니고 있는 기능을 최대한 발휘하면서 통일된 아름다운 경관을 조성하도록 하기 위해서이다. 다시 말해 식물을 미적 · 기능적 · 생태적으로 이용하여 원하는 정원을 만들기 위한 것이다.

수목의 종류는 매우 다양하고 설계의도에 따라 다양하게 사용될 수 있으므로 동일한 공간일지라도 식재한 결과는 다르게 나타난다. 그리고 수목은 계절과 생장주기에 따라 다른 생장형태를 보여주며, 주변 토양이나 연못의 생태계와도 영향을 주고받는 생명체이기 때문에 정원설계에서 수목을 배식하는 것은 가장 어렵고 중요한 작업이다. 그러므로 정원에 수목을 배식할 때는 다음의 조건을 명심해야 한다.

① 수목의 특성을 정확히 이해해야 한다. 평소에 정원수목에 대해 관심을 갖고 수목의 종류별 특성과 이미지를 연상할 수 있어야 한다.

② 정원은 작고 세밀한 공간이므로 수목을 식재할 부지조건을 정확히 파악해야 한다. 부지분석을 통해 토양, 기후 등의 조건을 면밀히 분석해야 한다.

③ 부지조건에 부합하는 수목을 선정하고 원하는 스타일의 배식 패턴을 연출하기 위한 설계를 해야 한다. 이 과정에서 최선의 배식설계안을 얻기 위해서는 반복적인 시행착오의 과정을 거쳐야 한다.

④ 식물은 생명체이기 때문에 끊임없이 변화하므로 배식설계, 수목식재, 향후 관리에 대해 일체화된 계획을 수립해야 한다.

정원수목의 기능

정원수목은 기본적으로는 사람들에게 녹음을 제공해 주며, 아울러 그것을 이용하는 방법에 따라 다양한 실용적 효과와 미적 이용효과, 생태적 효과를 얻을 수 있다.

실용적 효과로는 녹음 제공, 바람 조절, 온도 저하, 차폐 및 은폐, 소음 완화, 대기 정화, 토양침식 조절, 공간 분할, 꽃과 잎의 향기 제공, 유실수의 과수 생산 등이 있다.

미적 효과로는 수목마다 고유한 색, 형태, 질감을 갖고 있어 정원에 수목을 여러 가지 방법으로 조합하여 식재함으로써 경관적인 아름다움을 느낄 수 있다. 이 밖에 단독으로 큰 교목을 식재하여 형태미를 얻을 수 있고, 관목을 군식하여 집단적인 아름다움을 얻을 수 있으며, 수목을 전정한 토피어리를 이용해서 조형미를 얻을 수 있다.

생태적 효과로는 정원수목을 식재함으로써 주변 토양이나 물의 생태계와 활발히 상호 작용하는데, 이를 통해 정원의 생태적 가치를 높일 수 있다. 아울러 정원수목의 향기와 꿀은 곤충을 불러들이며, 열매는 새들의 먹이가 되어 새들을 자연스럽게 정원으로 유도함으로써 동물들에게 서식기반을 제공해 준다.

이러한 정원수목의 기능은 수목의 종류에 따라 특성이 달라지게 되므로 수종별 특성을 잘 파악해야 하며, 관리적 측면에서도 월별 · 계절별로 달라지므로 시간에 따른 변화를 사전에 충분히 이해하여 실용적 · 미적 · 생태적 측면에서 조화로운 기능을 수행하도록 해야 한다.

정원수목의 표현방법

정원을 만들기 위해서는 설계와 시공과정에서 의사소통이 명확하게 이루어져야 하며, 이를 위해서는 도면표기기호 · 약어 · 부호를 사용하는 것이 효율적이다. 그러나 각 정원수목의 실제 형태를 정확하게 표기하는 것은 불가능하기 때문에 비슷한 규격으로 기호화해서 간략하게 나타내고 있다.

정원설계에서 식물소재를 표현하는 방법은 다양하여 설계자에 따라 다른 표현방법을 사용하고 있는데, 아직까지 표준화된 표시방법은 없는 실정이다. 일반적으로 침엽교목, 활엽교목, 침엽관목, 활엽관목, 만경목, 지피식물 등으로 구분해 표기할 수 있는데, 예시적으로 기호를 제시해 보면 다음과 같다.

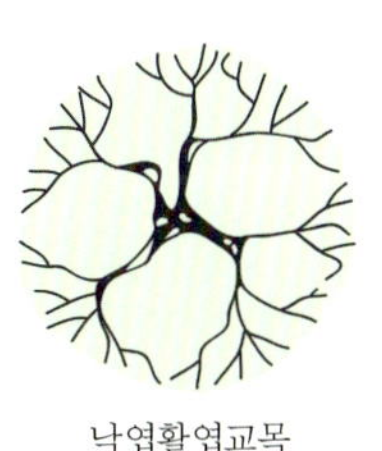
낙엽활엽교목

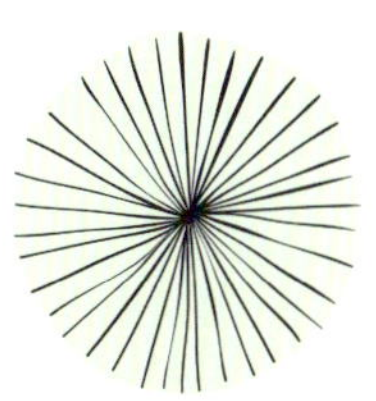
상록침엽교목

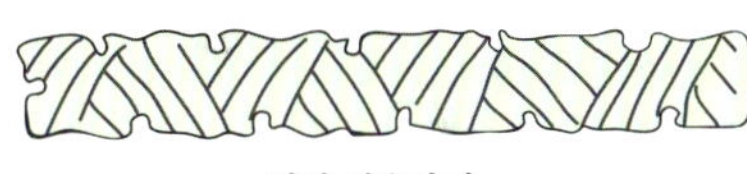
정형 생울타리

부정형 생울타리

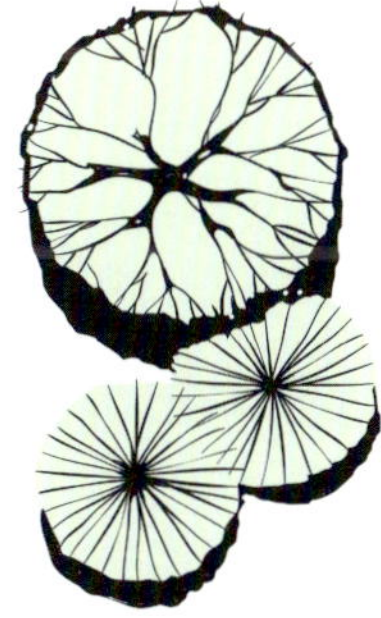
활엽교목과 침엽중교목

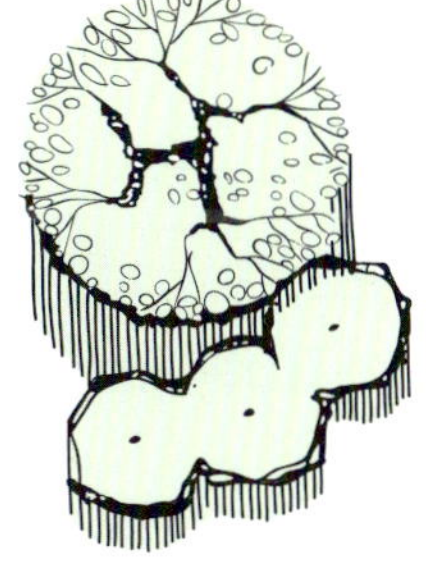
활엽교목과 중교목

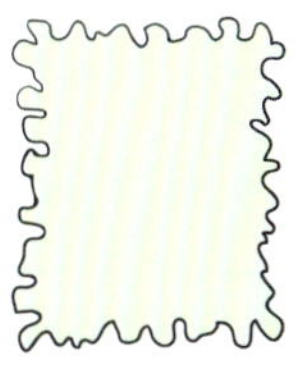
지피식생

수목표기기호

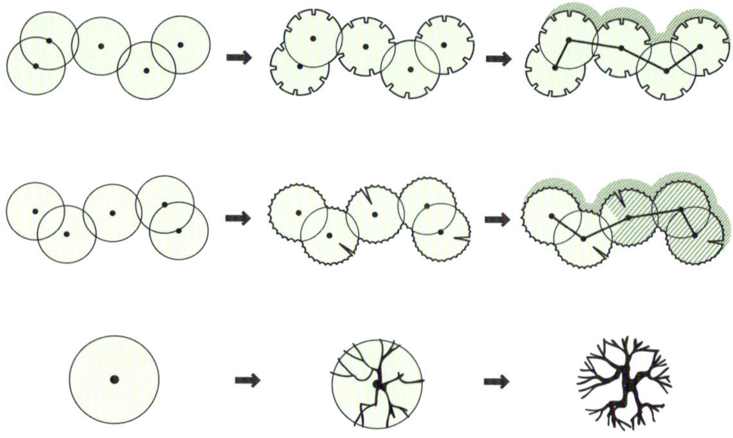
수종표기기호를 그리는 과정

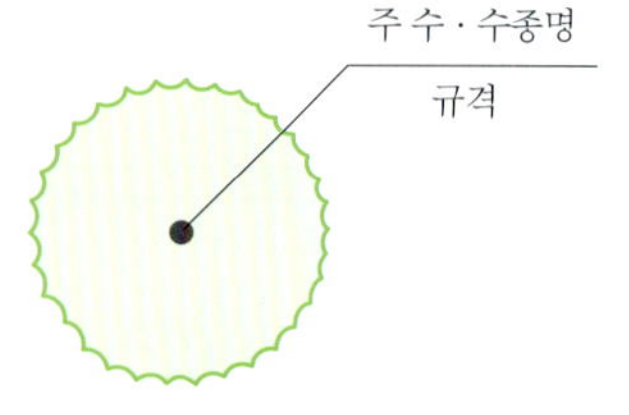

인출선을 사용하여
수목규격을 표기하는 방법

수종을 표기할 때도 기본설계 단계에서는 보통 수종명만 기입하는 것이 일반적이지만, 실시설계에서는 수량, 수종, 규격을 알 수 있도록 표기해야 한다. 이때 설계자에 따라 인출선을 사용하여 도면 위에 직접 수종명을 기입하기도 하고, 때로는 각 수목마다 표기기호를 만들어 표시할 수도 있다.

인출선을 이용해 표기할 경우, 도면을 신속하게 이해할 수 있으나 수목의 종류가 다양하고 수량이 많을 경우에는 도면이 복잡해질 수 있다. 반면에 표기기호를 사용하면 도면이 복잡하지 않고 표현이 용이하지만, 도면을 이해하는 데 시간이 걸리므로 별도로 범례를 만들어 표기기호를 설명해 주어야 한다.

배식설계도의 완성과정

배식설계를 하는 것은 많은 경험을 필요로 한다. 다양한 수목 중에서 알맞은 수목을 선택하고 설계도면에 수목의 위치를 결정하는 것은 많은 시간과 노력이 필요한 작업이다. 때로는 설계 중 이미 그려진 수목의 위치를 다시 고치거나 보완하는 반복적인 작업이 이루어져야 한다. 이러한 과정을 간단히 요약하면 다음과 같다.

① 정원에 심고자 하는 수목을 결정한다.

② 침엽, 활엽, 상록, 낙엽, 교목, 관목을 일정한 규칙에 따라 수종별 표기기호를 결정하고 도면의 축척에 맞게 표기기호의 크기를 결정한다.

③ 표기는 보존수목이나 상징수목, 교목을 먼저 표기하고 관목, 초화류의 순서로 표기한다. 만약 배식이 충분하지 않거나 만족스럽지 못하면 계속 보완하여 최종 배식설계도를 완성한다.

④ 인출선을 사용하여 표기하는 방법과 표기기호를 사용한 방법 중 한 가지를 선택한다.

⑤ 인출선을 사용할 경우 동일한 종류의 수목을 군식할 때는 표기기호의 중심을 연결하여 동일한 종류임을 나타내고 인출선을 그린 후 수목주수, 수종명, 규격을 적어 넣는다.

⑥ 표기기호를 사용할 경우 표기기호를 도면에 표기하고 범례에 표기기호에 대한 설명을 적는다.

표시기호

- 수고(H : Height, 단위 : m) : 지표면에서 수관 정상까지의 수직거리
- 수관폭(W : Width, 단위 : m) : 수관투영면 양단의 직선거리
- 흉고직경(B : Breast, 단위 : cm) : 지표면에서 1.2m 높이 부위의 수간의 직경
- 근원직경(R : Root, 단위 : cm) : 지표면 부위 수간의 직경
- 지하고(C : Canopy, 단위 : cm) : 수간 하단부 돌출된 줄기에서 지표면까지의 수직높이
- 주립수(S : Stock, 단위 : 지枝) : 근원부로부터 갈라져 나와 포기를 이루는 줄기의 수
- 줄기의 길이(L : Length) : 근원부로부터 줄기의 끝까지 길이(관목이나 묘목)

수목규격의 표시방법

정원수목의 규격을 나타내기 위해서는 수고樹高, 수관폭樹冠幅, 흉고직경胸高直徑, 근원직경根元直徑, 지하고枝下高 등의 측정기준을 사용하는데 수종에 따라 규격표시방법을 달리 적용한다.

▶ 수고×수관폭 : 잣나무, 젓나무 등 상록교목과 회양목, 철쭉과 같은 관목

▶ 수고×흉고직경 : 은행나무, 버즘나무, 왕벚나무 등 흉고 아래에서 가지가 나지 않고 수관이 곧게 뻗은 낙엽교목

▶ 수고×근원직경 : 단풍나무, 감나무, 느티나무, 모과나무 등과 같이 근원부나 흉고 아래에서 가지가 갈라지는 낙엽교목이나 소나무, 등나무, 묘목

▶ 수고×수관폭×주립수 : 개나리, 쥐똥나무 등 가지가 여러 개 나오는 낙엽관목

▶ 년생× 분얼 : 식물의 생육연수와 뿌리에서 가까운 줄기의 마디수를 사용하여 표기하는 초화류

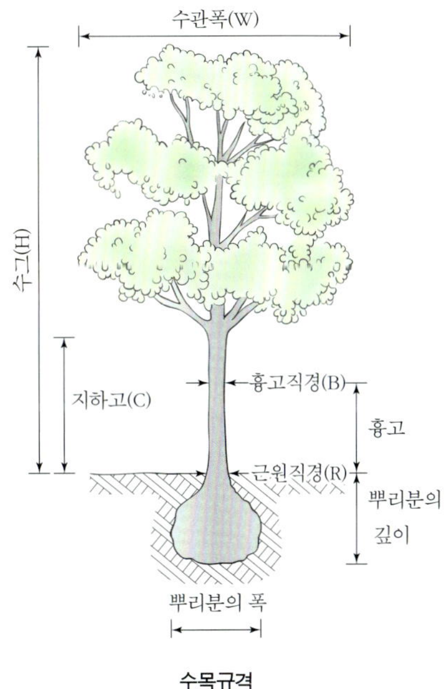

수목규격

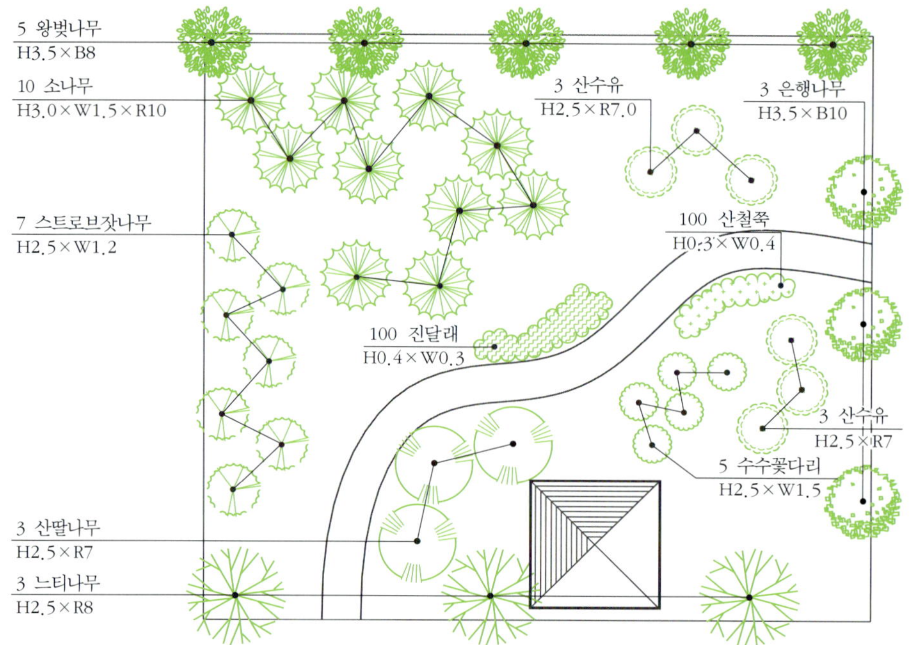

인출선을 사용한 배식설계도

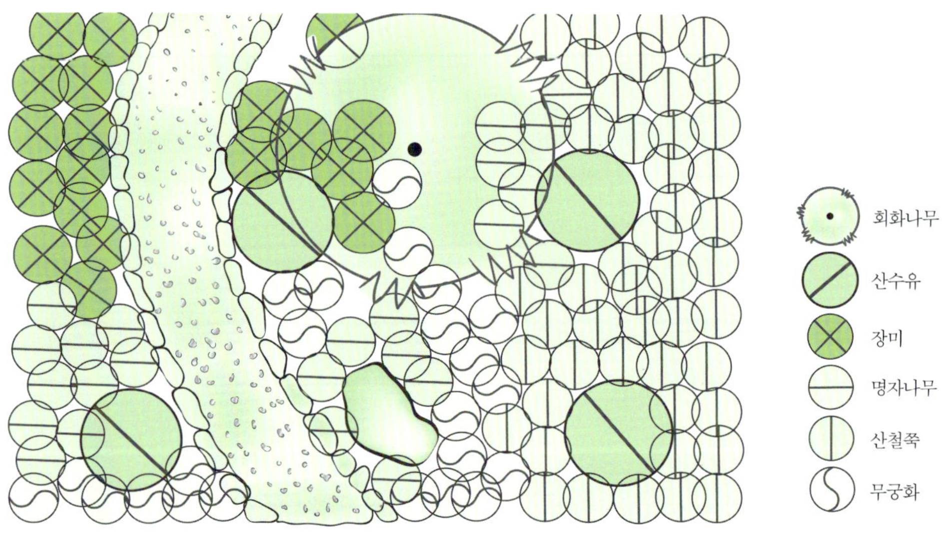

표기기호를 사용한 배식설계도

수목의 입면도 작성

배식설계를 한 다음 그 결과를 입면상태로 확인하거나 도면의 이해를 돕기 위해 입면도를 작성해야 한다. 입면도는 식재된 수목이나 구조물을 일정한 형태와 크기로 표시한 것으로, 입면도를 작성하기 위해서는 시각적 효과를 얻을 수 있는 수목의 표현방법을 알아야 한다. 각 수종별로 입면도를 그리는

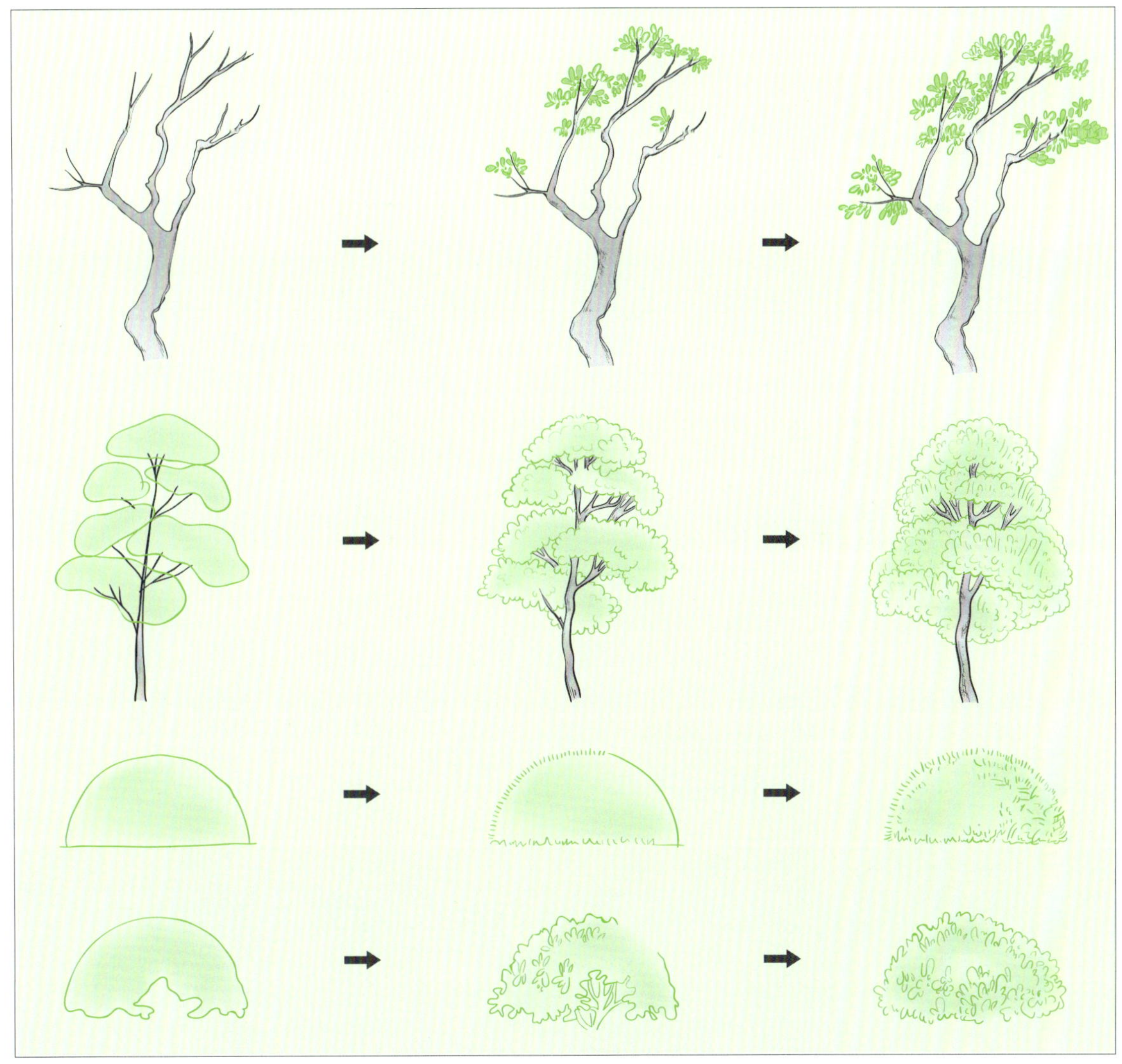

수목의 입면도를 그리는 과정

과정을 보면 그림과 같다.

이 밖에도 정원에는 수목과 조화를 이루어 자연석을 배치하는데, 자연석의 배치에 따른 평면과 입면을 작성하는 표현방법도 중요하다. 예시적으로 자연석 놓기와 자연석을 이용하여 만든 계류를 입면도와 평면도로 표현하면 다음과 같다.

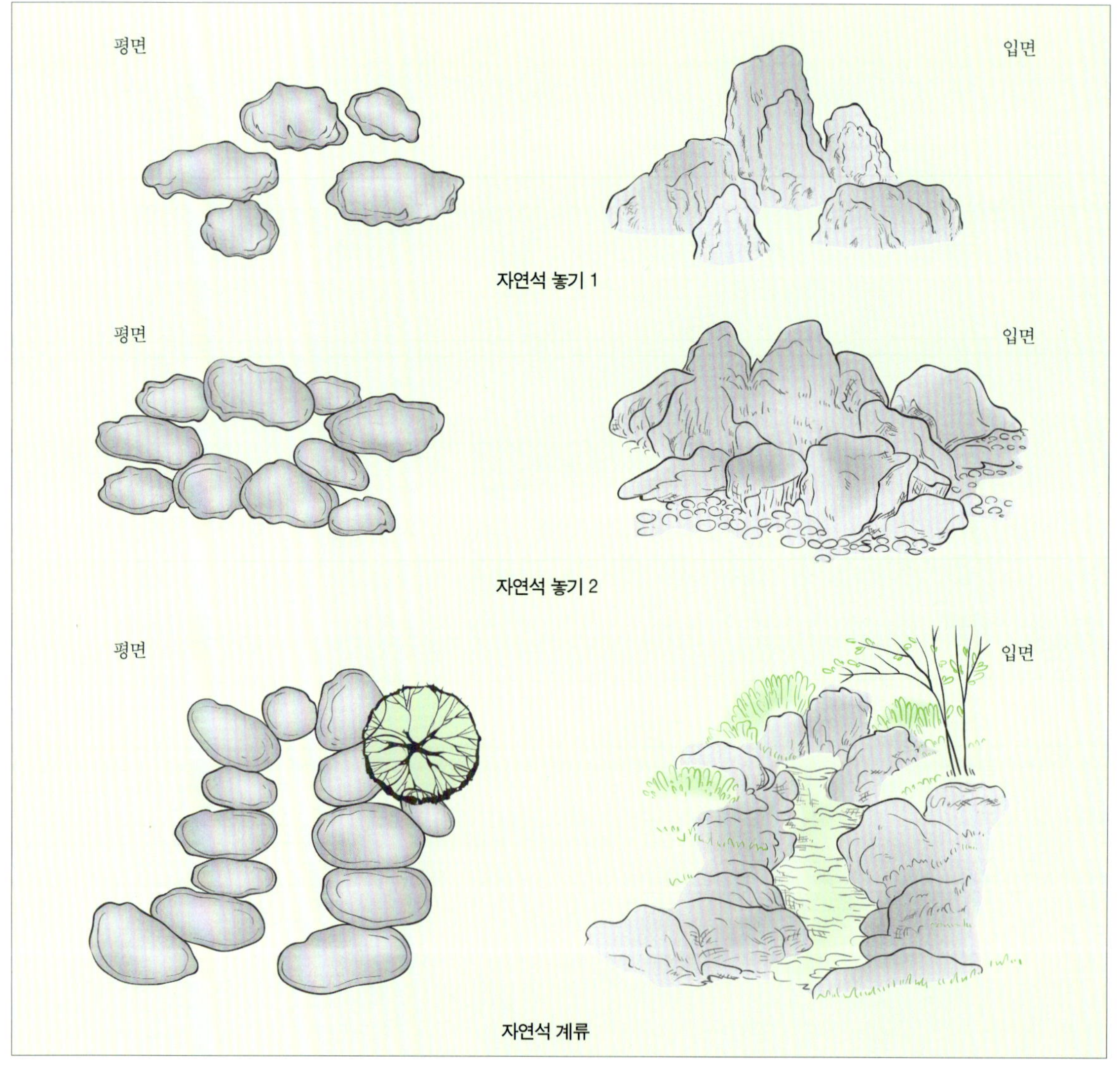

평면도와 입면도의 비교

정원의 식재기법

식재기법은 정원의 종류에 따라 달라지는데, 일반적으로 배식형태에 따라 정형식재와 비정형식재인 자연형식재로 구분할 수 있고, 식재의 기능에 따라 차폐, 녹음, 방풍, 방음식재같이 다양한 기능식재로 나누어진다. 더구나 최근에는 생태학을 기반으로 하는 생태적 배식기법이 등장하기도 하고 모더니즘과 포스트모던 조경에서도 설계개념에 따라 다양한 배식기법을 적용하고 있다.

정형식재

정원에서 수목을 식재하면서 의도적으로 대칭, 열, 규칙적 리듬, 기하학적 형태 등 정형적으로 식재함으로써 균형감과 안정감을 얻을 수 있다. 정형식재는 유럽의 정형식 정원에서 발달해 왔다. 고대 로마의 정원, 중세 정원, 이탈리아의 노단식 정원, 프랑스의 평면기하학식 정원 모두 정형식으로 꾸며진 정원이다. 정형식재는 축선을 설정해 양쪽이 대칭을 이루는 대칭식재, 비스타를 구성하는 식재, 직선식재, 무늬식재로 나누는데 기본적인 식재 패턴은 단식, 대칭식재, 1열식재, 교호식재, 군식으로 구분할 수 있다.

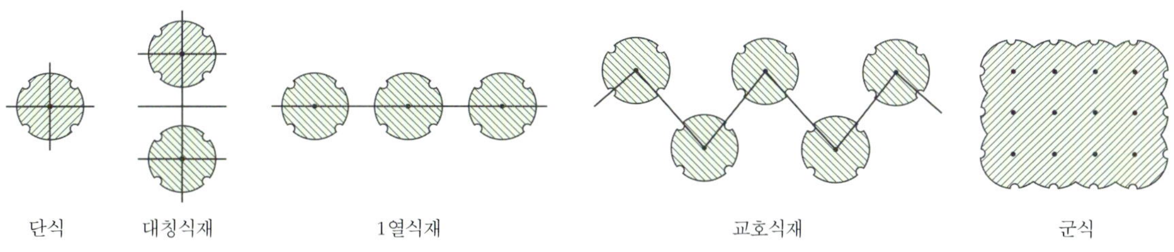

정형식재 패턴

자연형식재

자연형식재는 비대칭적인 균형감을 얻고자 식재를 하는데 자연과 인공의 이질적 요소를 서로 조화시키는 수단으로 효과적이다. 정형식재 같은 강한 시각적 효과는 없으나 자연스럽고 개성적인 식재를 통하여 안정감을 얻을 수 있다. 자연형식재는 자연경관을 모방하여 실재하는 듯하게 정원을 구성하는 것으로, 기본식재 패턴으로는 부등변삼각형식재, 임의식재, 배경식재, 군식 등이 있다. 부등변삼각형식재는 크기를 달리한 세 그루의 수목을 서로 간격을 달리하는 동시에 한 직선 위에 서지 않도록 하는 기법으로, 동양화에서

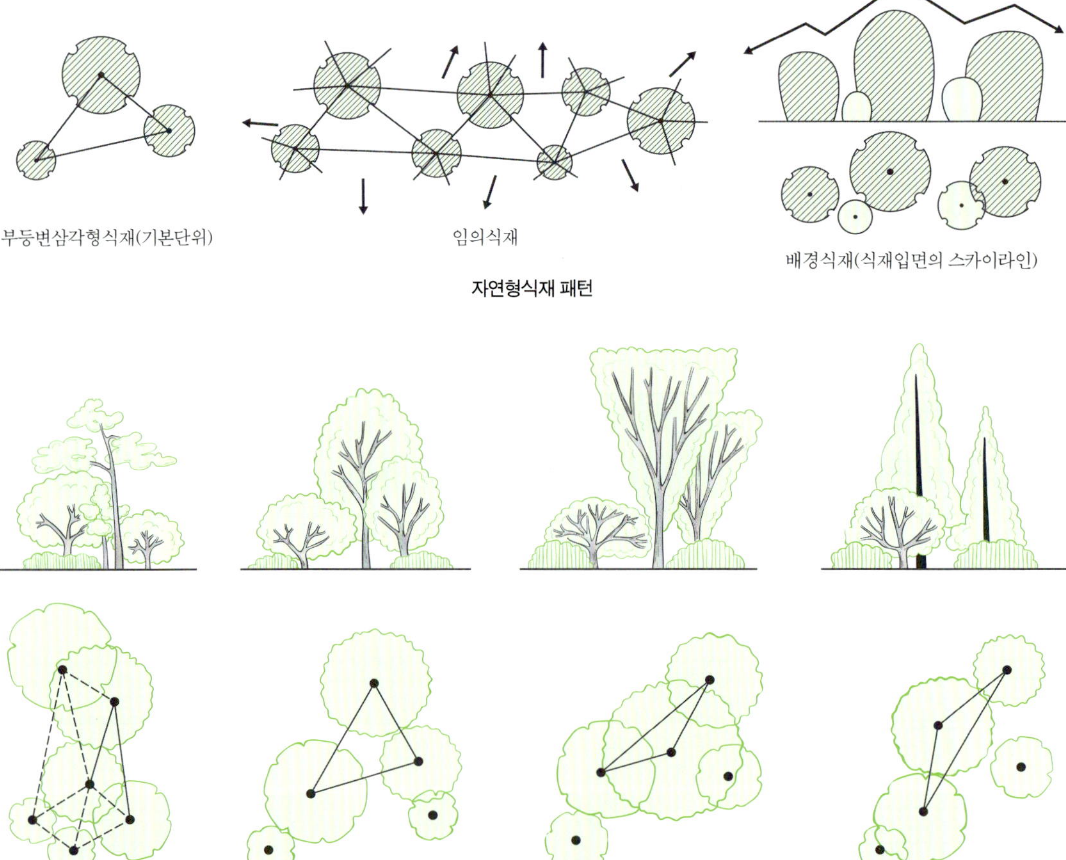

자연형식재 패턴

부등변삼각형식재의 사례

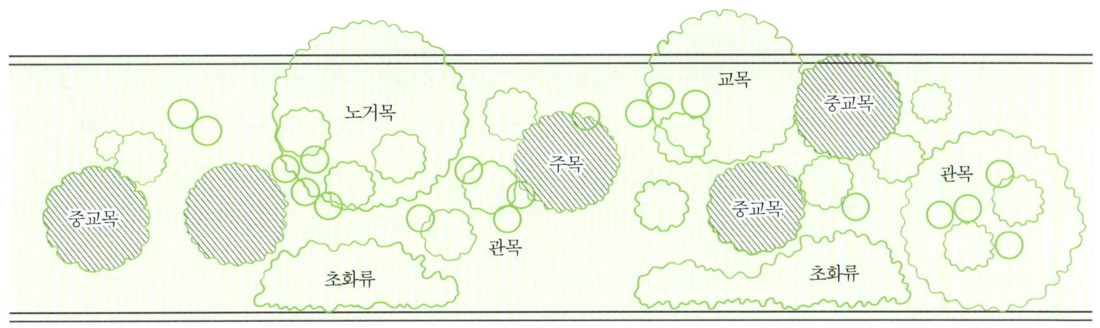

자연형배식의 사례

사물을 배치하는 기본기법과 유사하다. 임의식재는 부등변삼각형식재를 기본형으로 하여 순차적으로 확대해 가는 수법으로 크고 작은 나무가 모두 일정하지 않은 간격으로 배치되어 자연스러운 수림을 얻을 수 있다. 배경식재는 하나의 경관에서 배경적 역할을 하는 부분을 구성하는 식재기법으로 그 기본형은 임의식재 기법을 따른다. 군식은 나무를 한자리에 모아 심어 하나의 패턴을 이루게 하는 수법으로 주로 관목식재에 많이 적용된다.

기능식재

기능식재는 차폐, 가로막기, 녹음, 방음, 방풍, 지피피복 등의 목적을 달성하고자 하는 식재방법이다. 때로는 인공시설물을 설치하는 것보다 효과가 떨어질 수 있으나 정원의 자연스러움을 유지한다는 장점이 있으므로 적극적으로 사용하는 것도 좋다.

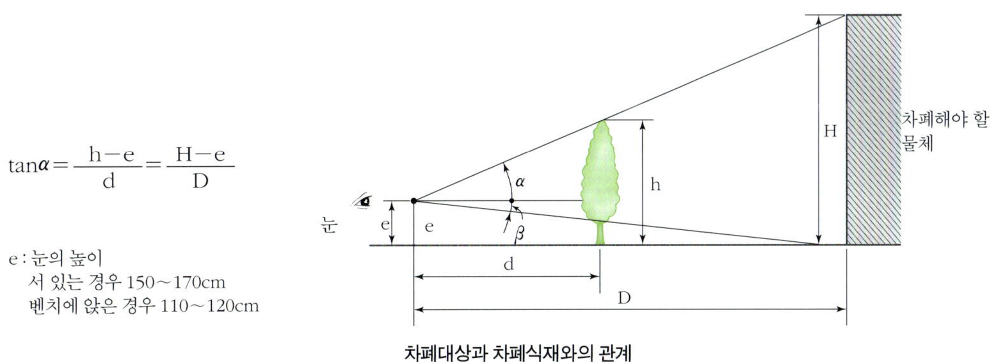

차폐대상과 차폐식재와의 관계

차폐식재는 외관상 보기 흉한 곳이나 구조물을 은폐하거나 외부로부터 내부를 엿볼 수 없도록 시선이나 시계를 차단하는 식재로서, 방음과 방풍효과를 동시에 얻을 수 있다. 차폐식재용 수종으로는 상록수로 가지와 잎이 밀생하는 향나무류, 잣나무류, 가시나무, 사철나무, 쥐똥나무 등이 좋다.

녹음식재는 무성한 수관이 햇빛을 가려 그늘을 제공하고 대기온도를 낮추어 주어 시원함을 느낄 수 있게 한다. 일반적으로 녹음수로는 여름철에는 짙은 그늘을 만들고 겨울에는 낙엽이 져 햇빛을 가리지 않는 낙엽교목이 좋다. 느티나무, 칠엽수, 회화나무, 가중나무, 멀구슬나무 등이 대표적인 녹음수이다.

지피식재는 지피식물을 이용하여 지표를 덮는 것으로, 토양침식과 진땅 방지, 미기후 완화, 먼지 방지, 휴식 증진, 미적 개선 등의 효과를 얻을 수 있다. 대표적인 지피식물로는 잔디가 있으며, 최근에는 초화류도 지피식재로 많이 사용되고 있다.

방음식재는 교통소음 등 각종 소음을 완화하고 차단하기 위한 것이며, 방풍식재는 바람을 차단하기 위하여 정원수목을 식재하는 것이다. 차폐식재의 효과를 동시에 얻을 수 있으며, 수종은 차폐식재와 유사하게 가지와 잎이 밀생하는 상록수가 좋다.

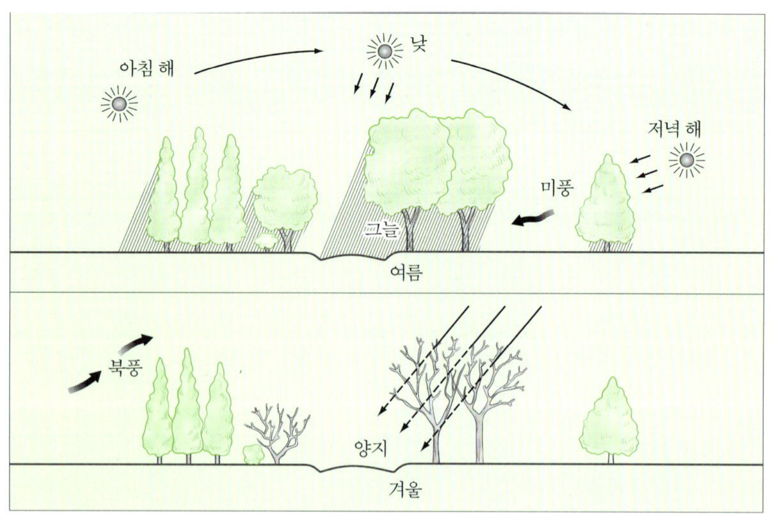

녹음식재의 사례

공간별 배식설계

주택정원은 전정, 주정, 후정, 측정, 작업정 등 다양한 공간으로 구성되어 있으며 공간별로 수목의 배식도 달라진다. 여기서는 정원설계에 대한 이해를 돕기 위해 비정형식 정원을 예로 들어 공간별 배식설계에 대해 설명하고자 한다.

전정식재

전정은 대문에서 현관에 이르는 공간으로, 보행로가 있다. 보행로 주변에 회양목으로 경계식재를 하고 초화류를 심은 다음 관상가치가 높은 교목을 심으면 좋다. 보행로의 포장에 자연석을 이용한 경우에는 자연석 사이에 잔디나 초화류를 식재하면 자연스러운 분위기를 얻을 수 있다. 이때 보행로 주변에 그늘을 제공할 수 있는 녹음수를 심어도 좋다.

주정식재

주정의 가운데는 잔디밭을 넓게 조성하여 휴식을 하거나 파티를 할 수 있도

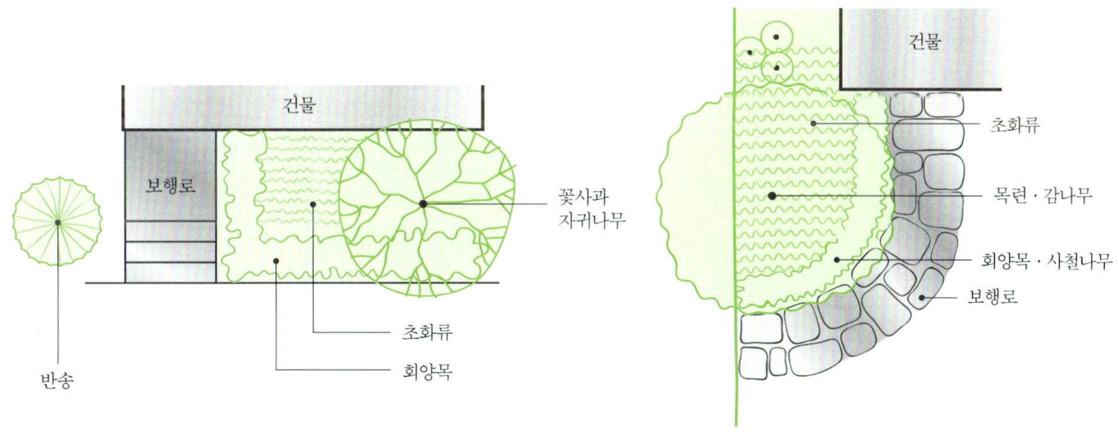

전정식재의 사례

록 하고, 테라스와 파티오 주변에는 그늘을 드리울 수 있는 느티나무 같은 녹음수나 관상가치가 높은 화목류를 심고 하부에는 초화류나 관목을 심으며 연못 주변에는 물을 좋아하는 수변식물이나 수생식물을 심는다. 꽃 · 낙엽 · 열매의 관상가치가 높은 것을 심어 계절의 변화를 느낄 수 있게 하면 좋으며, 주목 · 팥배나무 · 감나무 · 산사나무 · 상수리나무 등을 심으면 새나 동물들이 열매를 먹기 위해 찾아와 더욱 자연스러운 분위기를 연출할 수 있다.

후정식재

후정에 그늘이 진다면 음지에 강한 수목인 주목, 독일가문비, 사철나무, 회양목, 수국, 산철쭉, 맥문동, 송악 등이 좋다. 만약 사생활보호를 위해 차폐해야 한다면, 상록수로 가지와 잎이 치밀한 선향, 잣나무, 스트로브잣나무 등을 식재하면 된다. 분위기를 밝게 하기 위하여 향기가 나는 식물을 심으면 효과적이다. 채소원을 만들 때는 가능한 한 햇빛이 잘 드는 곳에 만들고 적합한 종자를 선택해서 파종하고 재배해야 한다.

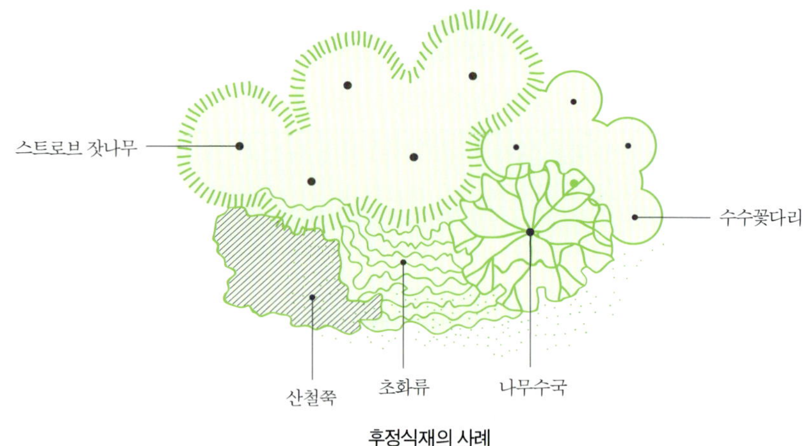

후정식재의 사례

측정식재

측정은 폭이 좁아 많은 나무를 식재하기 어려운 경우가 많다. 대부분 경계부에는 편백, 단풍나무, 사철나무, 명자나무 등으로 차폐식재를 하고 산책로 주변에는 초화류를 심으면 좋다.

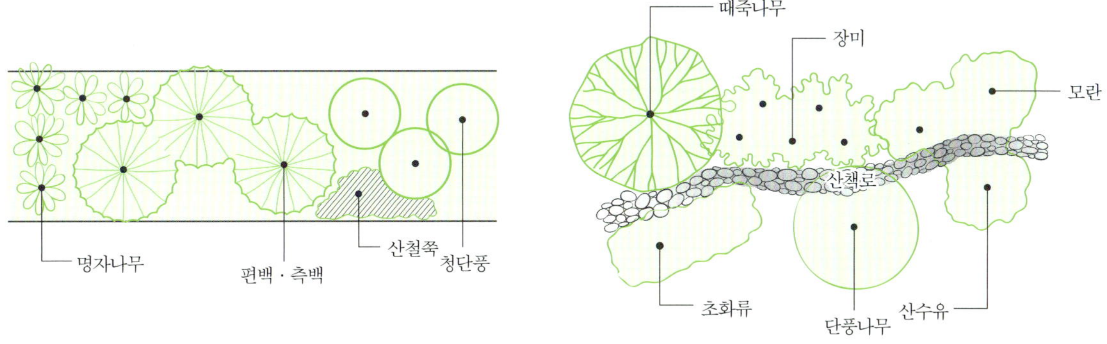

측정식재의 사례

작업정식재

작업정은 잔디를 심거나 포장하여 다른 공간과 구분한다. 작업에 방해가 되지 않도록 작업공간을 충분히 확보하고 시각적으로 불량할 경우 차폐용 수목인 향나무, 사철나무 등을 식재하여 차폐해도 좋다.

모서리식재

모서리 부분은 활용하기 어려워 소홀히 취급하는 경우가 많다. 그러나 각이 진 상태를 부드럽게 처리하기 위해 식재를 하고 전면에는 낮은 초화류나 관목을 심고 후면에는 담장을 가리기 위한 중교목, 그리고 교목을 차례로 심으면 아름다운 정원으로 만들 수 있다.

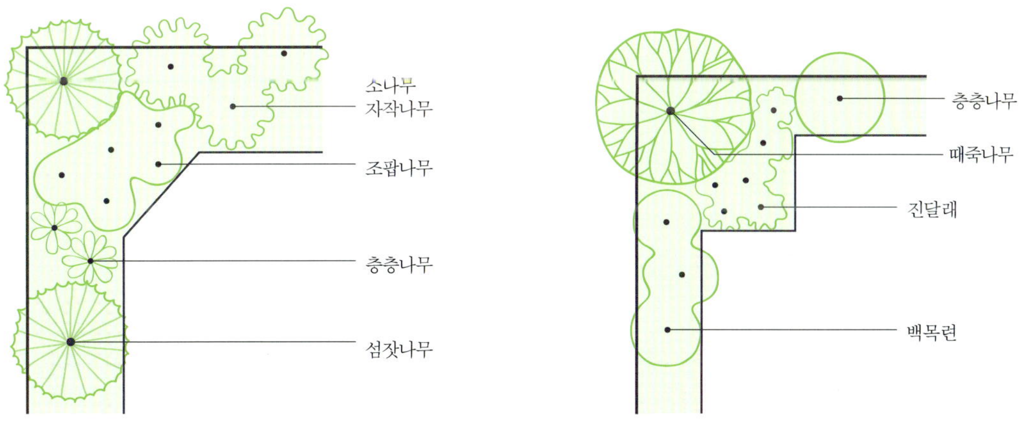

모서리식재의 사례

정원설계의 과정

정원설계는 원하는 정원을 만들기 위해 부지의 현황을 고려하여 다양한 설계대안을 검토하고 최종적으로 설계안을 만들어내는 창의적 과정이다. 이러한 과정을 거쳐 시공에 필요한 설계도면과 자료를 만들 수 있다.

정원설계안을 만들기 위해서는 조경가에게 자문을 받거나 설계를 의뢰할 수 있으나, 간단하게 주인이 직접 설계안을 만들어보는 것도 즐거운 경험이 될 수 있다. 그러나 어느 경우든 주인의 생각을 적극적으로 반영하도록 해야 한다. 여기서는 보편적인 정원설계의 과정을 기본도의 준비, 부지분석, 설계구상, 정원설계도 완성의 단계로 구분하여 설명하고자 한다.

기본도의 준비

기본도*basemap*는 축척과 방위, 부지경계, 지형, 구조물이나 기존 수목, 전기, 가스, 상수도 같은 기반 공급시설과 관련된 부지의 정확한 정보를 기록하기 위해 일정한 축척에 따라 만들어진 것이다. 이것을 만들기 위해서는 미리 만들어진 건축설계도면이나 토목설계도면을 사용할 수 있는데, 반드시 현황과 일치하는지 검토하여 수정한 후 정원설계를 위한 기본도로 이용해야 한다. 부지현황을 알 수 있는 도면이 없다면 측량을 하여 별도로 정원설계를 위한 기본도를 만들어야 한다.

축척은 실제 크기를 일정한 비율로 축소하여 표시하는 것으로, 예를 들어 1/100 축척의 도면에서 1cm는 실제로 1m를 나타낸다. 따라서 부지의 규모와 형태를 고려하여 도면의 규격을 결정하고 정원설계를 위해 타당하다고 생각하는 적절한 축척을 사용해야 한다. 보통 1/50～1/200 축척의 도면을 사용하는 것이 좋다.

방위는 부지와 건물이 위치한 방향을 표시하는 것으로 도면의 한쪽에 북쪽을 향해 화살표로 표시한다. 방위는 많은 정보를 포함하고 있는데 예를 들어 건물이나 수목의 그림자의 방향을 알 수 있어 수목이나 정원시설물을 배치할 때 큰 도움이 된다.

이러한 축척과 방위를 기준으로 현장에서 측량한 결과를 토대로 하여 부지의 경계를 확인하고 지형을 파악할 수 있으며, 기존 시설물이나 보호수목의 위치를 기록할 수 있다. 이 밖에도 건축 · 토목 · 설비 분야의 담당자와 협의하여 정원설계에 영향을 줄 수 있는 전기, 가스, 상수도와 같은 기반 공급시설의 위치와 규모를 파악하고 기본도에 정확하게 표시하여 정원설계 과정에 반영하여야 한다.

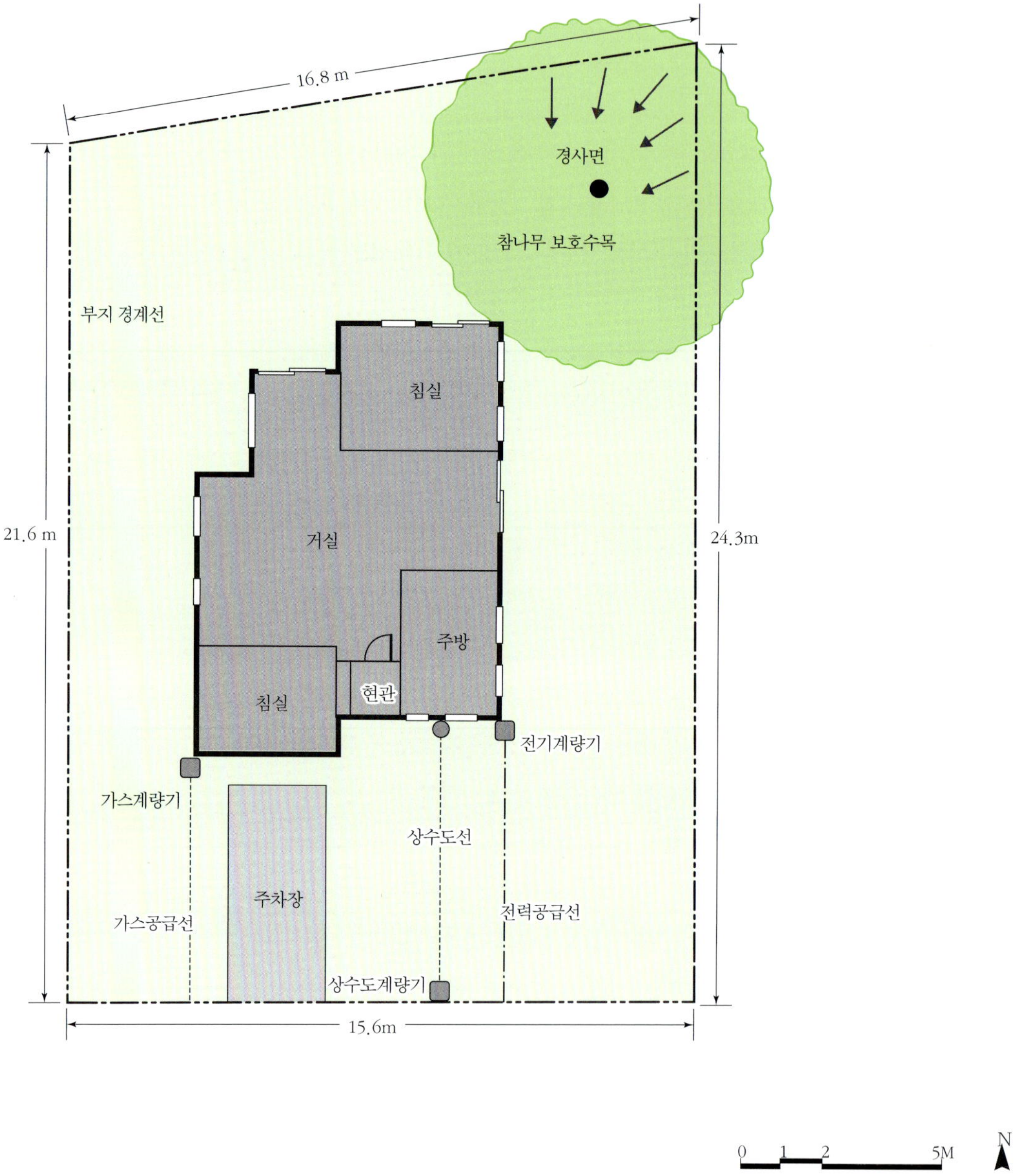
16.8 m
경사면
참나무 보호수목
부지 경계선
침실
21.6 m
거실
24.3m
주방
침실
현관
전기계량기
가스계량기
상수도선
주차장
가스공급선
전력공급선
상수도계량기
15.6m
0
1
2
5M
N

기본도

조사 · 분석

기본도가 준비되면 정원설계를 할 때 필요한 사항에 대해 조사 · 분석을 실시하여 부지분석도를 작성한다. 조사 · 분석을 할 때는 부지의 자연조건, 주택의 형태, 기반공급 시설의 현황, 가족들의 요구사항, 관련규정, 소요예산 등을 고려해야 한다

토양, 지형, 배수, 일조, 바람, 수문, 보호수목 등의 자연조건과 주택의 형태, 기존 구조물, 전기 · 가스 · 상수도 같은 기반공급시설을 조사 · 분석해서 부지의 특성을 파악한다.

부지특성에 대한 분석이 끝나면 가족이 요구하는 사항을 파악해야 한다. 생활수준, 가족들의 성격, 차량보유 대수, 생활 패턴, 원하는 분위기, 퍼골라, 조각, 데크 등 필요한 옥외시설이나 어린이 놀이공간 등 필요한 시설과 공간을 파악해야 한다. 이 밖에도 가족들이 특별히 선호하거나 알레르기 등으로 기피하는 동물과 식물이 있는지를 알아야 한다.

이 밖에도 설계와 시공에 관련된 법규, 정원시공과 관리에 소요되는 비용과 시간 등의 일반사항에 대해서도 충분히 검토할 필요가 있다. 특히 법규는 강제적인 준수사항이므로 사전에 정확한 조사가 필요하며, 정원시공 및 관리비용도 실제적으로 정원을 꾸미고 가꾸는 데 중요한 기준이 되므로 합리적인 판단이 필요하다.

이러한 조사 · 분석 과정에서 중요한 항목을 누락하거나 부정확하게 분석하면 정원설계 과정에서 오류가 생길 수 있다. 또 조사 · 분석 과정은 단순히 현황을 기술하는 것이 아니라 현황과 개선방안을 동시에 생각함으로써 설계안을 만드는 데 도움을 줄 수 있다. 예를 들어 보존할 수목이 있다면 원활한 배수가 가능하도록 정지작업에 대한 방안을 미리 세우고, 오염되었거나 식물생육에 부적합한 토양이 있다면 흙을 치환하여 개선방안을 마련할 수 있다.

체크 리스트

정원의 기능

☐ 현재의 정원의 기능 중 유지되어야 할 것과 없어져야 할 것은 무엇인가?
남겨둘 것
1. 2. 3.
없앨 것
1. 2. 3.

☐ 도입될 시설은 영구적이거나 일시적인 것인가?

자연조건의 검토

☐ 토양은 식물의 생육과 시설물의 설치를 위한 기반으로서 적합한가?

☐ 부지의 지형은 배수에 적합하고 경관적으로 매력적인가?

☐ 사계절에 따른 일조의 특성과 이에 따라 발생하는 양지와 음지(영구 음영지역)의 분포는 어떠한가?
양지 음지

☐ 규칙적이거나 일시적인 바람의 방향과 세기의 패턴은 어떠한가?

- 바람의 방향
  1. 규칙적인 바람-
  2. 일시적인 바람-
- 바람의 세기
  1. 규칙적인 바람-
  2. 일시적인 바람-

☐ 물은 원활히 배수되고 있는가, 연못이나 저습지가 있는가?

☐ 기존 수목, 시설, 경관 중 보존해야 할 것은 무엇인가?

- 수목-
- 시설-
- 경관-

부지와 주택의 특성

☐ 부지 내 전기, 상수, 설비시설 등의 기반시설이 지하에 어떻게 설치되어 있는가?

- 전기-
- 상수-
- 설비시설-
- 가스-

☐ 주택의 양식과 평면은 어떠하며, 정원과 어떻게 연계할 것인가?

- 주택의 양식-
- 주택의 평면-
- 정원과의 연계-

☐ 인접부지의 특성은 어떠한가? 만약 차폐해야 한다면 어떤 방법을 사용할 것인가?

- 인접부지의 특성
  1. 2. 3.
- 차폐 방법-

새로운 정원의 설계요소

☐ 어떠한 스타일의 정원을 만들기를 원하는가?

- 정형식 정원/비부정형식 정원
- 자연풍경식 정원/축경식 정원/전통정원/근대 정원/미니멀 가든/암석원/허브 가든/야생화 정원/채소원/장식정원/조각정원/옥상정원/실내정원/연못정원/토피어리 가든

☐ 특별히 선호하는 식물이나 시설이 있는가?

- 식물
  1. (장미) 2. (잔디) 3. (라일락)
- 시설
  1. (데크) 2. (분수) 3. (연못)

☐ 어떤 종류의 포장을 좋아하는가?
벽돌/ 콘크리트/돌/잔디/아스팔트/자갈/나무

☐ 꽃, 잎, 열매의 색, 질감, 향기 중에서 특별히 좋아하는 것이 있는가?

- 꽃-(장미)
- 잎-(은행나무, 단풍나무)
- 열매-(감, 모과)
- 색-(녹색, 빨강)
- 질감-(거친 것/부드러운 것)
- 향기-(라일락/아카시아/등나무)

☐ 특별한 식물이나 동물에 대한 알레르기나 혐오감이 있는 가족이 있는가?

- 식물-
- 동물-

☐ 새나 야생동물을 정원 안으로 유도하고자 하는가?

☐ 물을 보존하고자 하는가?

기타

☐ 정원의 설계 및 시공과 관련된 규정은 무엇인가?

- 설계
  1. 2. 3.
- 시공
  1. 2. 3.

☐ 이웃에게 영향을 줄 수 있는 사항에 대해 사전에 충분한 협의가 이루어졌는가?

☐ 정원만들기에 사용할 수 있는 예산은 얼마인가?
__________원

☐ 설계와 시공을 위해 필요한 시간은 얼마인가?
설계__________일 시공__________일
총 시공기간__________일

☐ 스스로 정원을 설계하고 만드는 데 시간과 노력을 투자할 수 있는가?
있음/없음(없다면 어떻게 도움을 받을 것인가?)

☐ 정원을 만들기 위해 사용할 재료, 도구, 장비 등을 효과적으로 투입할 수 있는가?

- 재료-
- 도구-
- 장비-

☐ 시공 후 정원관리를 직접 할 것인가?

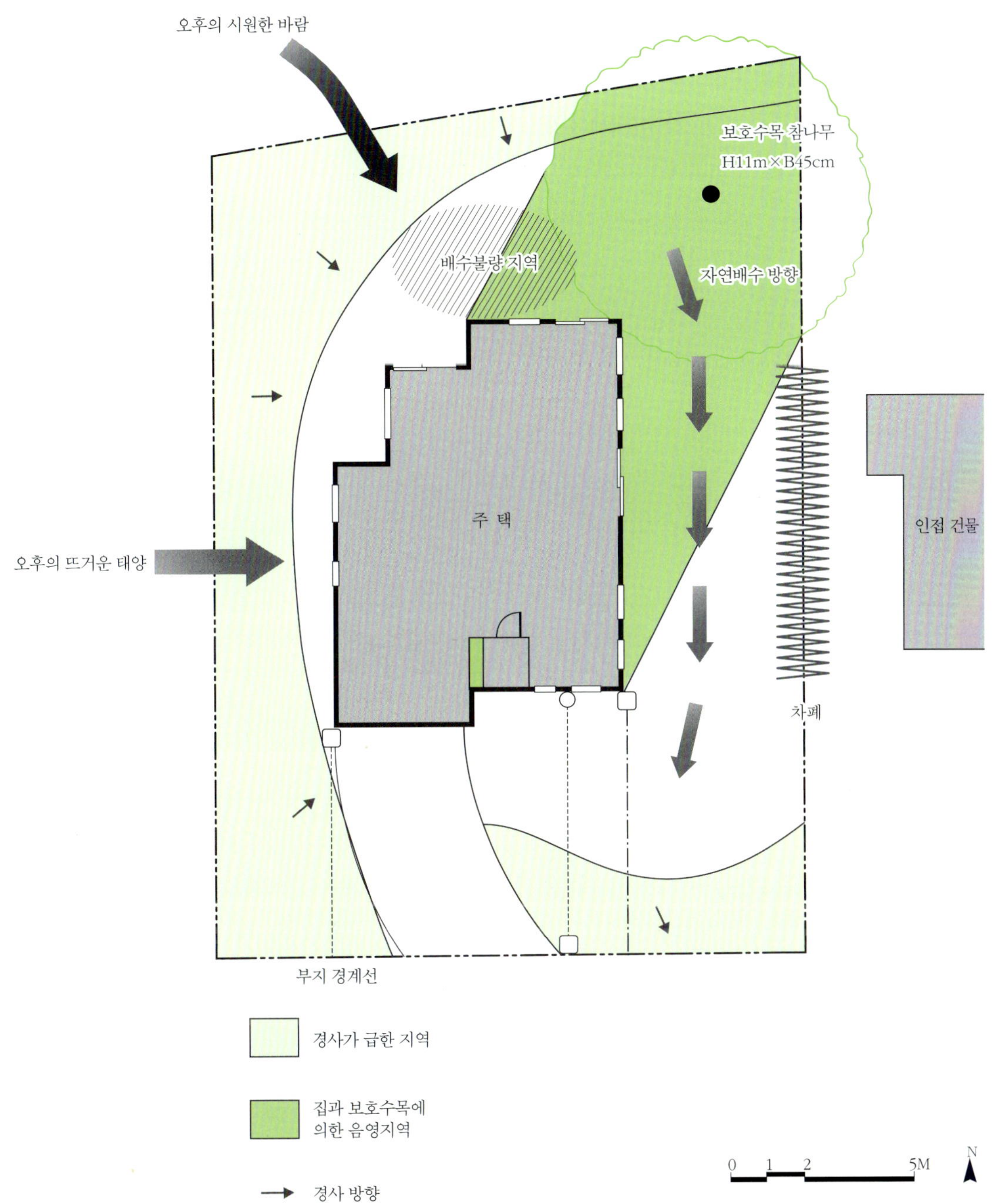
오후의 시원한 바람
보호수목 참나무
H11m×B45cm
배수불량 지역
자연배수 방향
주 택
인접 건물
오후의 뜨거운 태양
차폐
부지 경계선
경사가 급한 지역
집과 보호수목에
의한 음영지역
경사 방향
0
1
2
5M
N

부지분석도

햇빛과 그림자

우리나라는 북위도 지역에 위치하고 있어 주거생활을 위해 주택이나 정원이 남쪽을 향하는 것을 중요하게 생각한다. 이것은 에너지의 효율적 이용, 건강, 편익에 중요한 역할을 하며, 정원식물에도 많은 영향을 준다. 햇빛이 비치는 곳은 따뜻한 반면, 그림자가 드리우는 곳은 상대적으로 기온이 낮다. 일조량은 계절에 따라 달라지며, 하루에도 아침 · 점심 · 저녁에 따라 달라진다. 여름철에는 일조시간이 길고 그림자가 짧은 반면, 겨울철에는 그림자가 길고 일조시간이 짧아진다. 하루 중에서도 태양이 가장 높은 정오에는 그림자가 가장 짧다.

이러한 햇빛과 그림자의 위치를 고려하여 음지인 곳에는 주목, 회양목, 철쭉, 맥문동 등 음지식물을 심어야 하며, 양지에는 데크나 의자 등을 설치

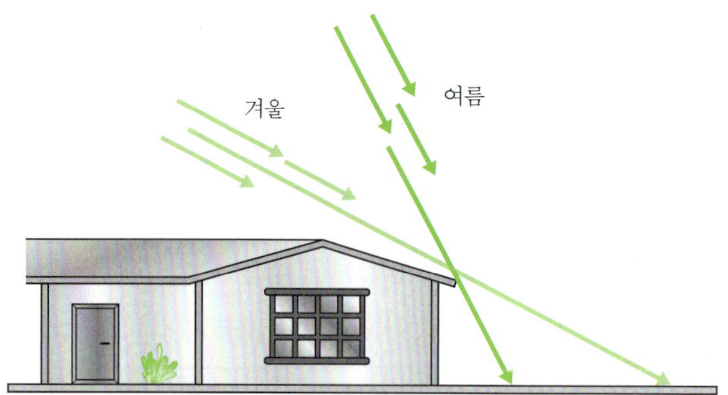

여름에는 겨울보다 태양의 입사각이 크기 때문에 그림자가 짧아진다.

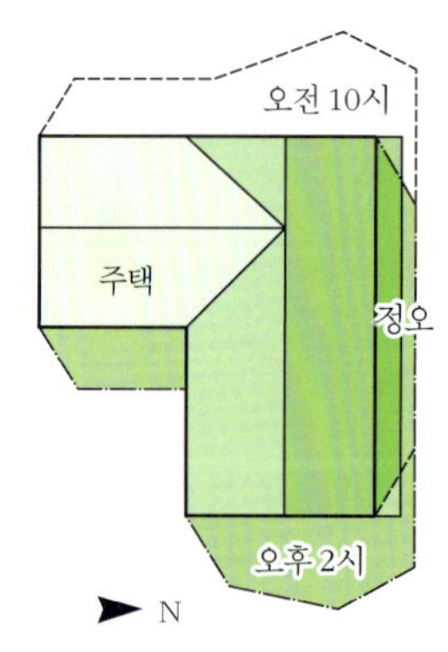

중위도 지방, 여름의 시간대별 그림자 분포

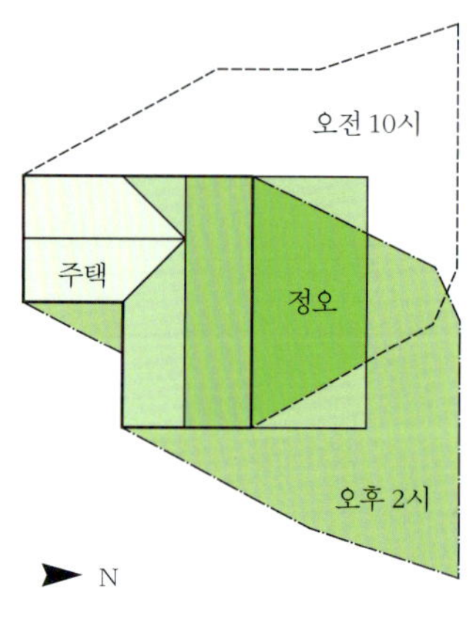

중위도 지방, 겨울의 시간대별 그림자 분포

계절 및 시간대별 그림자

해서 휴식공간을 만들고, 느티나무나 회화나무 같은 녹음수나 화훼류를 심으면 식물도 건강하게 자라고 쾌적한 분위기를 연출할 수도 있다.

바람

미기후 요소인 바람도 정원을 만드는 데 영향을 준다. 여름에 후정은 그림자로 인하여 그늘이 지기 때문에 양지바른 전정에 비해 서늘하다. 그러므로 혹서의 햇빛이 앞마당에 비치면 앞마당은 고기압이 되고 뒷마당은 저기압이 되어 바람이 불게 되어 시원해진다. 반대로 겨울에 바람이 불 경우 사람이 실제로 느끼는 체감온도는 낮아져 더욱 춥게 느껴지므로 찬바람을 막아야 한다. 바람을 막기 위해서는 편백, 화백, 측백, 선향, 삼나무, 가문비, 사철나무처럼 잎이 치밀한 상록수를 심으면 좋다.

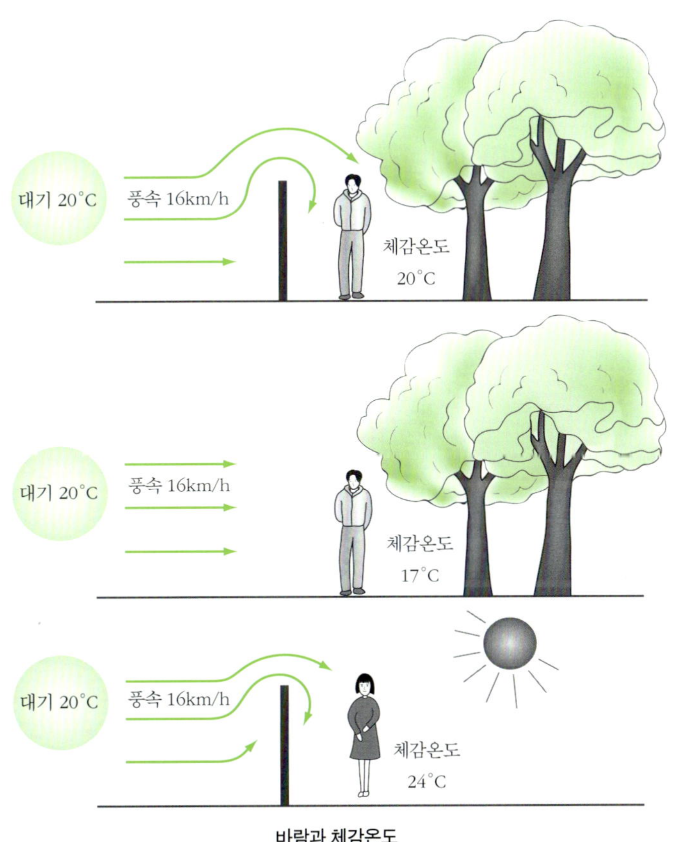

바람과 체감온도

설계구상

설계구상 단계에서는 현황과 분석자료를 근거로 하여 개념적인 설계안을 검토한다. 이것은 설계안을 완성하기 위해 기초적인 골격을 마련하는 단계이기 때문에 매우 중요하다.

훌륭한 설계안을 만들기 위해서는 정원의 양식이나 정원설계 요소에 대한 사전지식이 필수적이며, 아울러 정원에 심을 수목과 설치할 시설에 대한 정보도 필요하다. 만약 이러한 지식이 없거나 부족하다고 생각되면 조경가의 도움을 얻는 것이 바람직하다.

설계구상 단계에 들어서면서 설계안에 대한 물리적 · 공간적 윤곽이 서서히 드러나게 된다. 이때 조사 · 분석 과정에서 제기된 주요 문제점과 해결방안을 제시해야 한다. 이러한 설계구상도는 서술적으로 표현될 수도 있으나 다이어그램*diagram*으로 표현하는 것이 이해를 돕는 데 유리하다. 보편적으로는 버블 다이어그램*bubble diagram*을 이용해 표현하는데, 이것은 설계아이디어를 검토하는 데 좋은 수단이 된다. 버블 다이어그램은 정원에 만들어질 공간을 다양한 크기의 둥근 물방울 모양으로 표현한 것으로, 공간이용과 도입시설의 위치와 면적 등을 개략적인 크기로 그려넣어 설계도면의 밑그림으로 사용할 수 있다.

일반적으로 정원에는 화단, 잔디밭, 연못이나 수영장, 데크, 보행로, 주차장, 휴식공간, 놀이공간 등 다양한 시설과 공간을 만들 수 있는데 각각의 공간에 필요한 조건과 다른 공간과의 관계를 고려해 버블 다이어그램을 배치해야 한다.

설계구상 단계에서 개념을 확정하기 위해서는 2~3개의 대안을 만들고 상호 비교하여 가장 바람직한 안을 선택하도록 해야 한다. 이때 주인의 의견이나 별도의 자문을 얻는 것이 바람직하다.

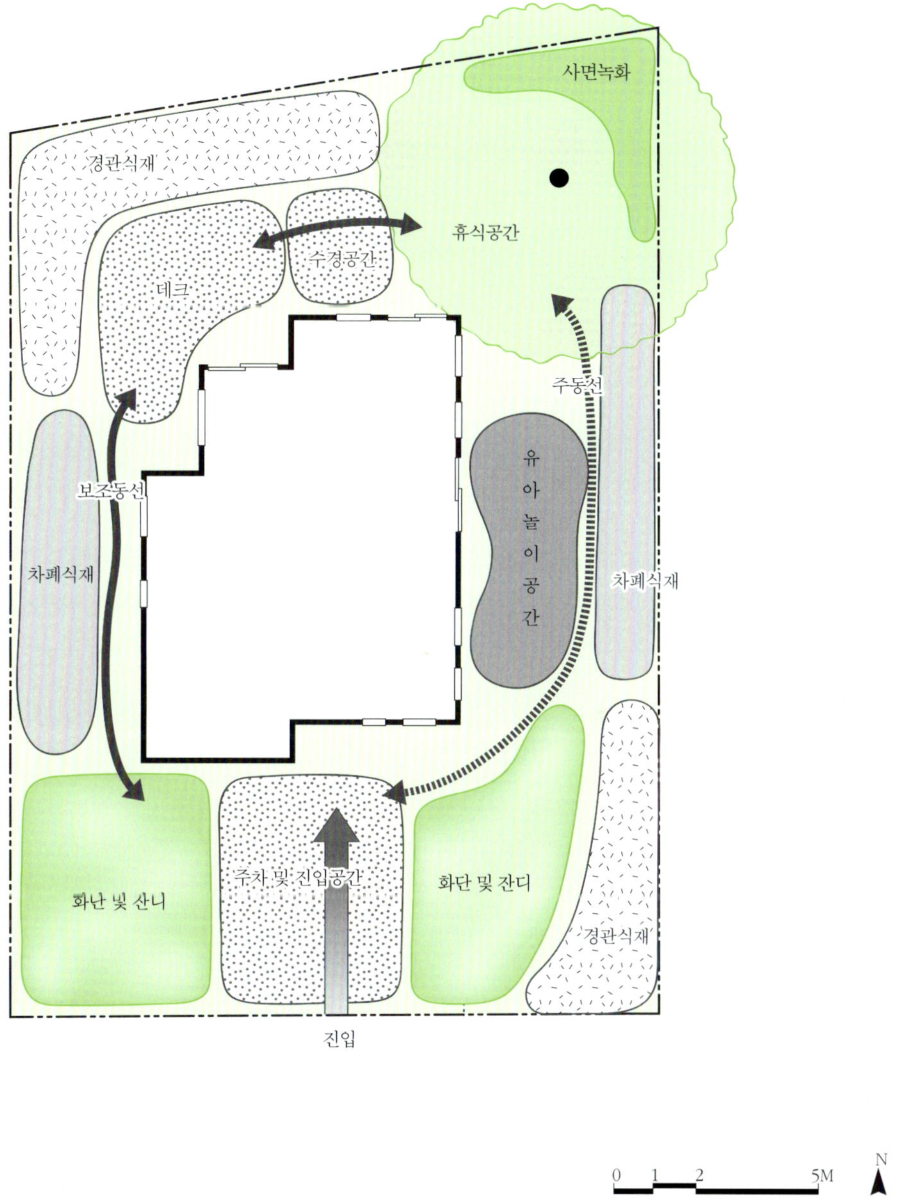

사면녹화
경관식재
휴식공간
수경공간
데크
주동선
보조동선
유아놀이공간
차폐식재
차폐식재
화난 및 산니
주차 및 진입공간
화단 및 잔디
경관식재
진입

0
1
2
5M
N

기본구상도

정원설계도 작성

개념적인 설계안을 토대로 만든 정원설계도는 정원의 모습을 정확하게 그려낸 것이다. 이 정원설계도는 정원에 도입될 수목과 시설의 종류, 크기, 수량을 상세하게 시각적으로 보여준다.

정원의 형태는 지나치게 추상적인 것보다는 사각형, 삼각형, 원형 같은 형태를 이용하는 것이 이해하기 쉽고 설계와 시공이 쉬우며, 때로는 이러한 형태를 중첩하거나 연결하여 좀더 다양한 공간을 만들 수 있다. 또한 도면을 작성하면서 격자선을 이용하면 도면작업을 효과적으로 할 수 있다. 예를 들어 도면에서 격자 한 눈금의 크기를 1m라고 설정하여 작업한다면 시설물과 수목의 배치, 시설물의 넓이, 수량 등을 비교적 정확하게 파악할 수 있어 큰 도움이 된다. 아울러 예시한 정원설계도를 참조하면 큰 도움을 얻을 수 있다.

정원설계도를 보완하고 설계에 대한 이해를 돕기 위해서는 투시도나 조감도, 입단면도 같은 추가적인 도면이 필요하며, 이러한 도면이 완성되면 그 도면을 현장에 가져가서 실제로 적용할 수 있는지 가늠해 보는 것도 중요하다. 이 밖에도 시공을 위해서는 정원의 각 시설물과 수목의 식재에 대한 상세도면이 필요하다.

입단면도

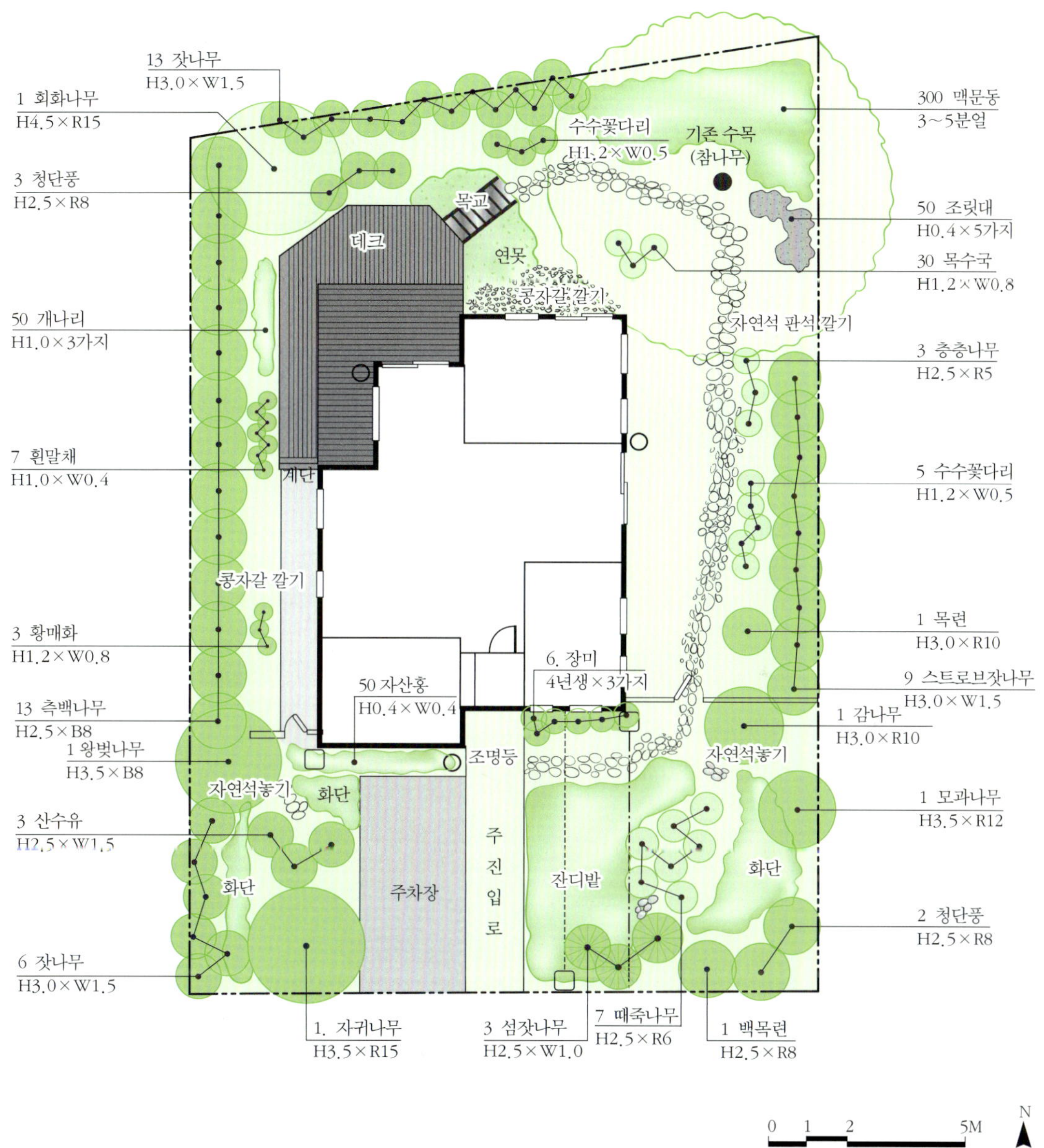
13 잣나무
H3.0×W1.5
1 회화나무
H4.5×R15
3 청단풍
H2.5×R8
50 개나리
H1.0×3가지
7 흰말채
H1.0×W0.4
3 황매화
H1.2×W0.8
13 측백나무
H2.5×B8
1 왕벚나무
H3.5×B8
3 산수유
H2.5×W1.5
6 잣나무
H3.0×W1.5
수수꽃다리
H1.2×W0.5
기존 수목
(참나무)
목교
데크
연못
콩자갈 깔기
계단
콩자갈 깔기
50 자산홍
H0.4×W0.4
6. 장미
4년생×3가지
조명등
자연석놓기
화단
주차장
주
진
입
로
잔디밭
화단
화단
자연석놓기
자연석 판석깔기
300 맥문동
3~5분얼
50 조릿대
H0.4×5가지
30 목수국
H1.2×W0.8
3 층층나무
H2.5×R5
5 수수꽃다리
H1.2×W0.5
1 목련
H3.0×R10
9 스트로브잣나무
H3.0×W1.5
1 감나무
H3.0×R10
1 모과나무
H3.5×R12
2 청단풍
H2.5×R8
1. 자귀나무
H3.5×R15
3 섬잣나무
H2.5×W1.0
7 매죽나무
H2.5×R6
1 백목련
H2.5×R8
0 1 2 5M
N

정원설계도의 사례

정원설계의 사례

명상의 정원

긴 장방형의 부지에 기하학적 형태를 도입하고 높이 차를 두어 2개의 공간으로 구성했다. 정원에서 놀이, 명상, 파티를 할 수 있도록 했으며 폰드와 긴 수로, 장방형의 잔디밭, 직선의 보행로가 조화롭게 구성되어 있다. 배식은 정형적 분위기를 완화하고 운동감과 계절감을 주기 위해 잔디와 다년생 초화류를 심고 주변을 관목과 교목으로 둘렀다.

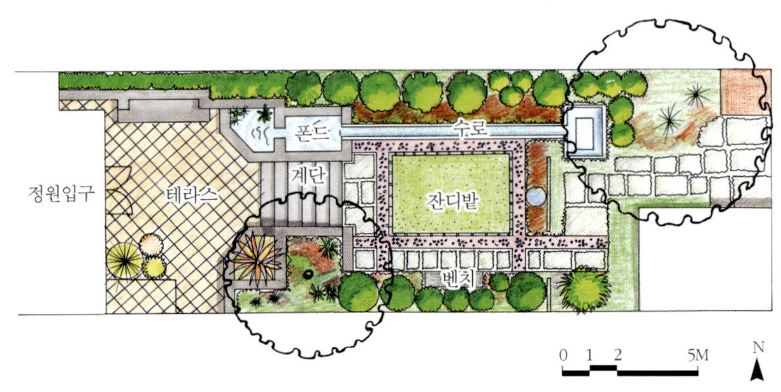

정형식 정원

남북으로 축을 설정하고 중심에서 나선형 형태로 확장되는 공간 패턴을 가진 정형식 정원이다. 중앙의 원형 수경시설, 중심으로부터 나선형으로 뻗어나가는 동선상의 퍼골라, 목재 아치 등 특징적 요소를 사용했으며, 바닥은 잔디 대신 콩자갈을 사용했다. 배식은 색, 향기, 질감 등 다양한 감각을 느낄 수 있는 수목을 식재했다.

비정형식 정원

기하학적이면서 자유로운 곡선의 동선을 사용했다. 반원형의 못과 수로, 데크가 조화를 이루며 배치되어 있고 중앙에는 표주박 모양의 잔디밭이 있어 형태적 효과를 높이고 있다. 전체적인 배식은 자유로운 식재를 통하여 건물의 딱딱한 직선을 부드럽게 완화시켰으며, 정원 주변에 나무를 군식하여 차폐, 차음, 방풍효과를 얻도록 하였다.

야생화 정원

자연스러운 형태의 보행동선으로 구성하고 연속적으로 공간을 열고 닫음으로써 정원과 주변 경관을 다양하게 감상할 수 있도록 했다. 조망을 위한 정자, 야생초지, 테니스장 등 특징적 요소가 도입되었으며, 야생화를 식재하여 향기와 야생화의 아름다움을 즐길 수 있도록 하였다.

기하학적 정원

주택과 나란한 방향의 선과 대각선을 이용해 전체적으로 기하학적 형태의 정원을 구성했다. 동쪽 정원은 건물과 나란하게 테라스를 중심으로 공간을 구성하였으며, 서쪽 정원은 대각선의 형태로 만들어진 헤지를 이용하여 몇 개의 장방형 공간이 형성되도록 하였다. 또한 남쪽의 주택 입구와 북쪽의 창문으로부터 축적인 구성이 가능하도록 하였다. 정원에는 장미, 제라늄, 벚나무, 재스민 등 화려한 방향성 식물을 식재했으며, 주변의 숲으로부터 주택이 잘 어울리도록 배식했다.

농가정원

경사지에 위치한 농가주택 정원으로 자연스러운 형태의 동선과 여러 단의 공간으로 구성되어 있다. 주택 입구에는 반정형의 원형 정원을 배치하였고 건물 뒤편에는 테라스, 넓은 잔디밭, 다양한 수생식물이 자라는 자연형태의 못, 수영장, 온실 등을 구성하였으며, 북쪽의 경사지는 여러 개의 계단으로 단을 주어 구성했다. 식물은 형태와 질감이 뛰어난 것을 사용했고 잔디와 식재지 사이는 다년생 초화류를 사용하여 부드럽게 처리했다.

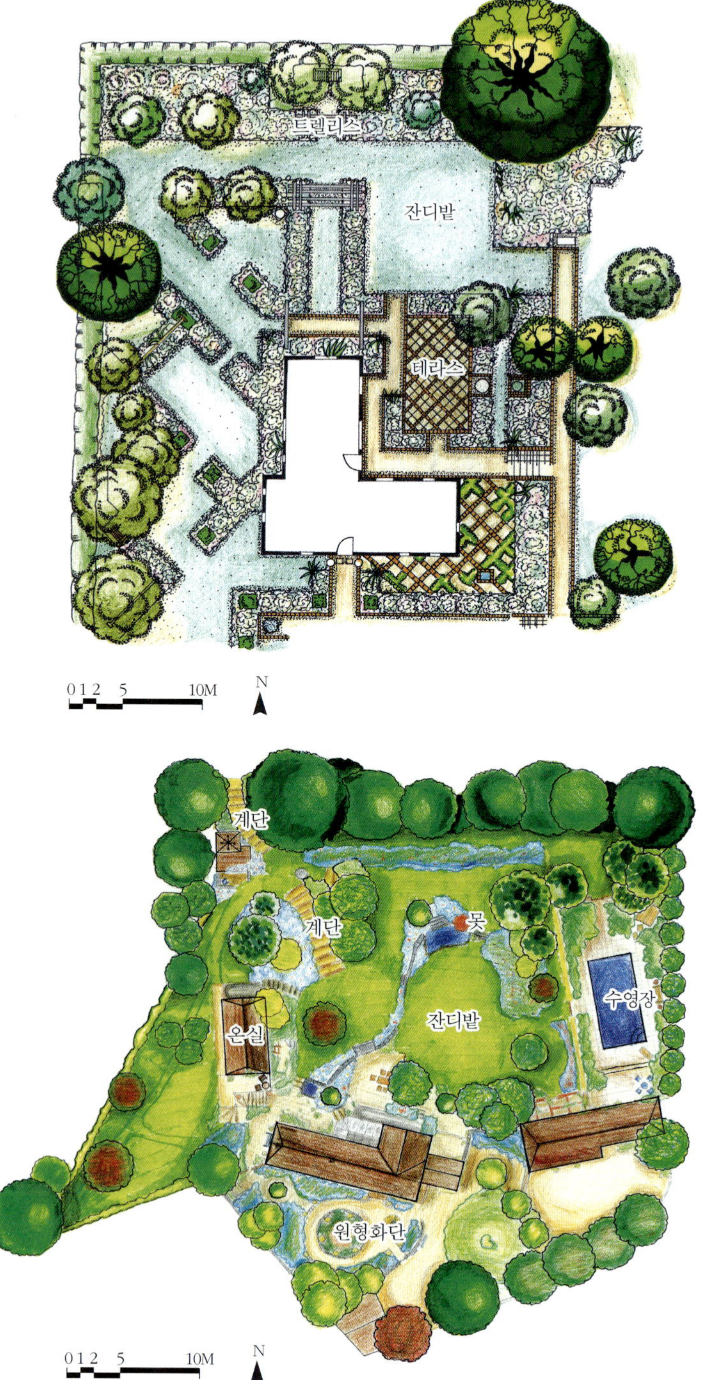

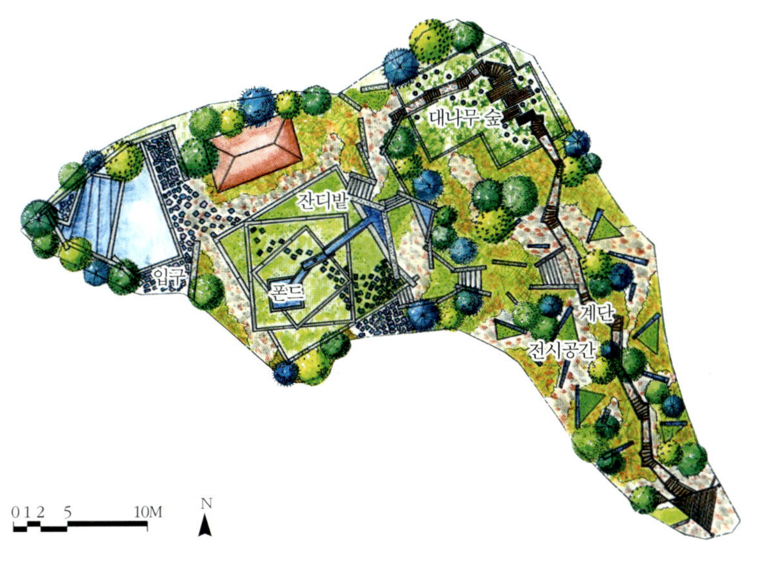

예술가 정원

이 부지는 조경가와 미술가가 사는 전원주택 정원이다. 부지의 동쪽은 경사져 있으며 주택 전면의 부지는 평탄하다. 정원은 구조적 선과 형태를 이용해 만들었으며, 목재계단을 설치해 동선을 비교적 자유롭게 연결시켰다. 공간은 전정, 수경공간, 전시공간, 명상공간 등으로 구성되어 있다. 전시공간에는 콘크리트벽에 조각을 해서 구성했고, 명상공간에는 대나무 숲을 이용하여 휴식과 명상이 가능하도록 했으며, 전정에는 경관효과를 고려하여 잔디밭에 수로와 못을 도입했다. 상록수와 야생화를 주요 수목으로 사용했고, 대나무를 상징적으로 사용했다.

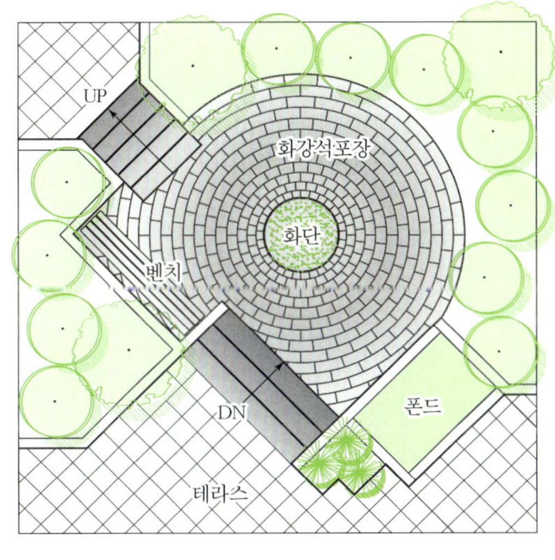

도시 소정원

도심 속에 위치한 소정원으로 중심의 원형 테라스와 직선으로 구성된 경계의 형태를 취하고 있다. 원형 침상공간 주변에 벤치를 설치하고 연중 변화를 느낄 수 있는 수목을 식재하였으며 가운데에는 초점요소로 화단을 조성하였다.

설계에서 시공까지

정원설계가 끝나면 시공이 시작된다. 시공을 위해서는 공사비와 품질을 고려하여 미리 공정에 대한 계획을 세우고 사전에 면밀히 검토해야 한다. 특히 정원수목은 식재에 적합한 시기에 작업이 이루어질 수 있도록 식재계획을 세워야 한다(145쪽 교목식재 시기 참조). 보통 시공과정은 여러 단계로 이루어지는데 각 단계가 끝날 때마다 점검과 청소를 하고 다음 단계로 넘어가야 한다.

시공할 때는 대부분 예상했던 것보다 시간이 많이 걸리기 때문에 단계별로 시간을 다소 여유 있게 잡는 것이 좋다. 또한 공사 초반에는 정지, 배수, 살수관개시설 설치 같은 중요한 작업이 많으므로 시간이 걸리더라도 주의해서 시행해야 한다.

앞에서 살펴본 설계과정을 포함해서 정원을 만들기 위한 작업과정을 다음과 같이 10단계로 정리할 수 있다. 그러나 여기에 제시한 순서대로 작업이 이루어질 수 없는 경우도 있으므로 상황에 따라서는 시간을 절약하기 위해 불필요한 단계를 생략할 수 있다.

1. 부지의 경계를 확인하고 작업의 규모, 종류, 범위를 확인한다.
2. 설계도면을 완성한다.
3. 시공 준비
   - 작업공정표를 만든다.
   - 필요한 비용을 계산하고 예산을 짠다.
   - 이웃에게 작업일정과 내용에 대하여 미리 알린다.
   - 직접 시공할 작업과 전문가에게 의뢰해야 하는 상수, 전기, 설비, 살수관개, 조명 공사에 대한 작업자를 선정하고 시공계약을 한다.
   - 필요한 자재와 장비를 준비하고 이를 보관할 시설이나 공간을 확보한다. 사용

할 자재는 시공 전에 현장으로 옮겨 놓는다.

- 보호수목이 작업 때문에 피해를 입지 않도록 울타리를 세우거나 천막으로 가리는 등의 보호조치를 한다.

4. 부지정리와 정지작업

- 보호수목과 시설물을 남기고 현장을 정리한다.
- 정원의 배수로와 부지의 지형을 만들기 위해 정지작업을 한다.

5. 지하의 급배수와 살수관개, 전기시설의 설치

- 터파기를 하고 지하에 설치할 급배수, 살수관개, 전기시설을 설치하고 흙을 되메우고 다진다.
- 지하시설은 한번 설치하면 옮기거나 바꾸기 힘들기 때문에 주의하여 설치한다.

6. 구조물의 설치

- 옹벽 같은 콘크리트 구조물, 문, 데크 같은 목재구조물, 조적식 담 같은 구조물을 설치한다.

7. 화단과 플랜터 설치

- 수목을 심기 위한 화단과 플랜터를 설치한다.

8. 포장

- 주차장과 진입로, 산책로를 포장한다. 이때 가급적 물이 투수되는 친환경적 포장을 하고 주변은 초화류와 관목을 심어 인공적인 분위기를 완화한다.

9. 교목, 관목, 지피식물과 초화류 심기

- 작업의 규모가 큰 교목부터 관목, 지피식물의 순으로 심는다. 운반 및 식재작업의 규모가 큰 교목을 식재할 때에는 구조물을 설치하기 전에 시행할 수 있다.

10. 잔디식재 및 현장청소

- 잔디를 식재한 후 돌을 골라내고 다진 다음 마지막으로 현장을 청소한다.

II

정원수 가꾸기

잔디식재

잔디의 관리

지피식물의 식재

관목식재 및 관리

교목식재

수목의 전정

토양

식물의 번식

월동작업

잔디식재

잔디는 화본과 여러해살이풀로 재생력이 강하고 지표면을 피복하는 능력과 답압에 견디는 능력이 뛰어나다. 잔디는 이러한 특성 때문에 축구장, 골프장, 야구장 등 각종 운동경기장과 정원에 이용가치가 큰 식물이다.

올바른 잔디의 선택

잔디는 토양관리, 환경개선, 여가활동을 위해 다목적으로 이용되는 지피식물이다. 일반적으로 잔디는 따뜻한 기후를 좋아하고 가을이 되면 휴면하는 난지형 잔디와, 서늘한 기후를 좋아하고 고온기에 생육을 멈추거나 일시적으로 휴면하는 한지형 잔디(양잔디 또는 사계절 잔디라고도 한다)로 구분하는데 심으려는 지역의 기후를 고려해서 선택해야 한다.

우리나라는 한지형과 난지형이 함께 분포하는 전이지대이며, 생육적온이 15~25°C(토양적온 10~18°C)인 한지형 잔디는 중부지방을 기준으로 3월 중순에 생육을 시작하여 봄과 가을에 생육최성기를 이루고 12월 중순까지 녹색을 유지한다. 한편 난지형 잔디는 생육적온이 25~35°C(토양적온 24~29°C)이고 생육은 4월 중순부터 시작되어 여름철에 최성기를 이루고 10월 중순부터 휴면에 들어간다.

현재 우리나라에서 많이 사용하는 난지형 잔디로는 한국잔디와 버뮤다그래스가 있으며 한지형 잔디로는 블루그래스, 페스큐, 벤트그래스가 있다.

① 한국잔디*Korean lawngrass* : 우리나라에서 자생하고 있으며, 포복경과 지하경으로 자라면서 옆으로 퍼진다. 내건성, 내서성, 내답압성이 뛰어나며 병에 강하기 때문에 정원, 공원, 경기장, 골프장에 가장 많이 사용되고 있으나 내음성이 약해 그늘진 곳에 심으면 잘 자라지 못한다. 금잔디, 들잔디, 비단잔디 등이 있다.

② 버뮤다그래스*Bermudagrass* : 우산잔디라고도 한다. 지하경과 포복경이 옆으로 퍼지고 재생력이 매우 강하여 답압에 대한 회복력이 빠르지만 내한성, 내음성이 약해서 대전 이남에서만 생육이 가능하다.

③ 블루그래스*Bluegrass* : 지하의 포복경으로 뻗어나가며 발아와 초기생육이 늦지만 한지형 잔디 중 경기장과 일반 잔디밭에 가장 많이 이용된다. 우리나라에서는 장마철의 다습한 조건에서도 비교적 좋은 상태를 유지할 수 있는 켄터키블루그래스*Kentucky bluegrass*가 많이 사용된다.

④ 페스큐*Fescues* : 포복경이 없이 분얼에 의해 옆으로 퍼지고 생육이 왕성하여 건조하고 척박한 산성토양에 잘 자라며 관리하기 쉽다. 한지형 잔디 중에서는 내건성과 내음성이 매우 강하다. 엽폭이 1.5~3mm로 매우 가는 파인페스큐는 그늘진 곳에서 잘 자라며, 엽폭이 5~10mm 정도로 넓은 톨페스큐는 거친 질감을 주며, 내한성이 높다.

⑤ 크리핑벤트그래스*Creeping bentgrass* : 한지형으로 지상에 포복경匍匐莖으로 퍼지며 엽폭이 2~3mm 정도로 매우 가늘어 치밀하고 고운 잔디면을 형성한다. 지형 잔디 중 낮은 예고刈高(0.5mm)에 대한 내성이 가장 강하며, 잔디 질감이 부드러워서 골프장에 많이 사용되지만 여름철에 잘 자라지 못하고 병이 많이 발생하므로 관리에 주의를 기울여야 한다.

잔디의 식재방법

잔디의 번식방법에는 종자를 파종하여 발아시켜 번식하는 종자번식과 땅속줄기와 지표면을 덮듯이 신장하는 포복경으로 번식하는 영양번식이 있다. 한지형 잔디는 대부분 종자로 번식을 하는데 파종 후 7~15일 정도면 대부분 발아되어 발아율이 높은 반면, 한국잔디는 파종 후 20~30일 정도 되어야 발아가 되며 발아율이 한지형 잔디에 비해 떨어지므로 영양 번식이 효과적이다. 현재 사용되고 있는 식재방법은 종자파종, 떼 붙이기, 잔디 풀어심기, 잔디깔기, 종자분사공법, 섬유 네트 공법, 롤잔디 붙이기, 종자 매트 공법 등 다양하다. 여기서는 정원에 잔디를 식재할 때 흔히 사용되는 종자파종, 잔디 풀어심기, 떼 붙이기, 롤잔디 붙이기에 대해 설명하고자 한다.

잔디식재 지반의 조성

① 잔디를 식재할 곳의 지반을 20cm 정도 깊이로 경운한 후 쇠스랑으로 흙을 고르면서 돌이나 잡초 등 이물질을 제거한다.

② 정지면의 경사가 배수에 적합한지를 점검하면서 흙을 고른다. 육안으로 구분하기 어려우면 측량기기를 이용해 높이를 측정하고 참고용 말뚝을 설치한다.

③ 만약 경사가 배수방향과 일치하지 않거나 일정 지역이 오목하게 낮으면, 잔디식재 후 비가 왔을 때 물이 고여 잔디면의 이용이 곤란하고 잔디가 죽게 된다.

맹암거 배수로의 설치

잔디면에 물이 고이게 되면 잔디가 침수되어 죽거나 이용에 지장이 생긴다. 따라서 잔디면적이 넓거나 배수가 잘 되지 않는 토양에서는 투수성이 높은 토양을 사용하고 어골형, 평행형, 자연형 같은 맹암거 배수로를 설치하여 배수가 원활하게 이루어지도록 해야 한다.

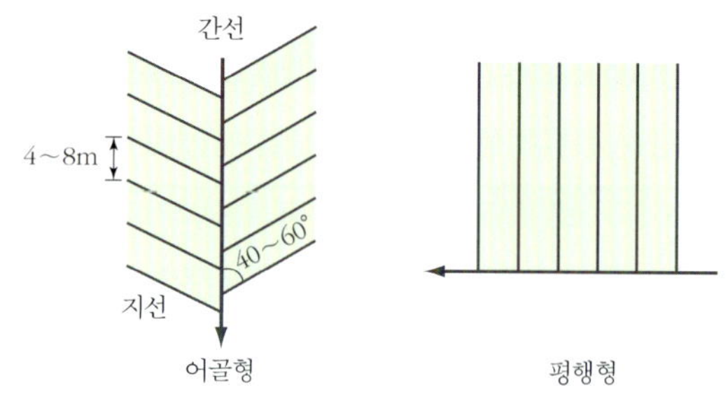

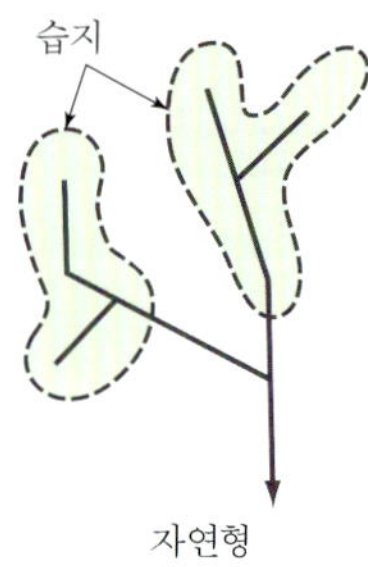

맹암거 배수로의 종류

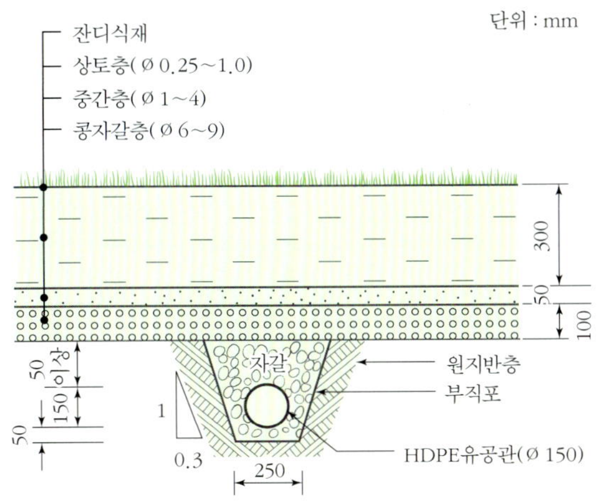

운동경기장의 심토층 배수 단면

파종할 지반 고르기

종자파종

종자파종은 잔디의 녹화속도가 느리지만 대규모의 잔디밭을 조성하는 데 효과적인 방법으로 비용이 가장 적게 든다. 파종시기는 난지형 잔디는 4월 하순~6월 중순 또는 8월 중순~9월 하순이며, 한지형 잔디는 3~7월 또는 8~10월이다. 잔디의 종류와 파종시의 환경조건에 따라 발아율이 낮아지거나 고사하는 등의 문제가 발생할 수 있으므로 시공시 주의해야 한다.

도구

갈퀴, 롤러, 종자파종기, 쇠스랑

재료

종자, 비료, 모래, 폴리에틸렌필름이나 볏짚

● 파종할 지반의 조성

① 파종할 땅을 20cm 이상의 깊이로 쇠스랑을 사용해서 부드럽게 간다.

② 비료를 뿌리고 흙을 곱게 부수어 고른다.

③ 정지면을 롤러를 이용해서 가로와 세로 방향으로 교차되도록 가볍게 다진다. 이때 흙이 부족한 곳은 흙을 더한 후 다시 갈퀴로 정지하고 다진다.

● 종자의 파종

① 파종면적을 고려하여 파종할 종자의 적정량을 결정한다. 파종량은 한국잔디의 경우 15~25g/m²를 기준으로 하되 상세한 양은 종자 생산회사의 기준을 따른다(켄터키블루그래스 : 40~50g/m², 크리핑벤트그래스 : 15~25g/m², 버뮤다그래스 : 15~25g/m², 톨페스큐 : 20~30g/m²).

② 파종의 균일도를 높이기 위해 파종할 종자와 모래를 1 : 3의 비율로 섞어 세로로 파종하고 나머지 반을 가로로 파종한다.

③ 파종할 때는 정지면을 일정한 속도로 조심스럽게 걸어야 하며, 모든 파종지역에 종자가 균일하게 뿌려질 수 있도록 파종기의 손잡이를 돌려야 한다.

④ 파종한 면은 종자와 흙이 잘 섞이도록 갈퀴를 이용

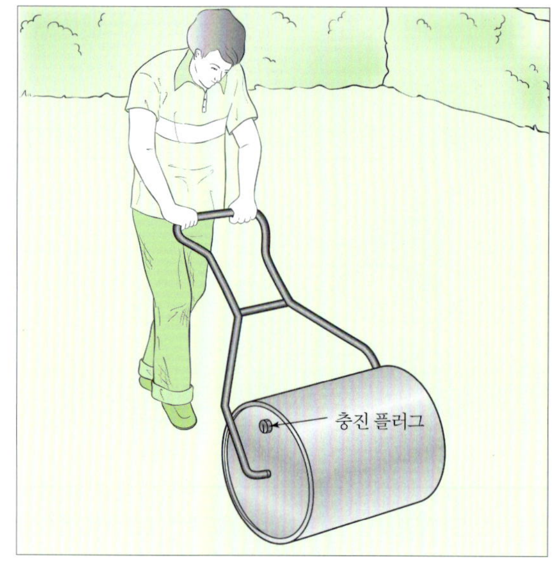

롤러 다지기

종자 뿌리기

해 가로와 세로 방향으로 깊이 5~8mm 정도로 가볍게 긁는다.

⑤ 종자와 토양이 잘 밀착되도록 롤러로 가볍게 눌러서 종자가 흙 속에 박히게 한다. 롤러가 없을 경우 나무판자를 이용하거나 조심스럽게 밟아주어도 되지만, 종자가 파이지 않도록 주의해야 한다. 복토는 꼭 필요하지는 않지만 가는 모래를 2~3mm 두께로 덮어주면 좋다.

● **파종면의 피복과 양생**

① 발아를 위한 적절한 수분과 토양의 온도를 유지하기 위해 폴리에틸렌필름(두께 0.03mm)이나 볏짚, 황마천, 차광막 등으로 덮는다.

② 피복면 아래 토양이 젖을 정도로 물을 뿌린다. 이때 파종면이 너무 질어서 흙이 뭉치거나 물길이 나지 않도록 주의한다.

③ 종자의 종류와 발아조건에 따라 다르지만 보통 발아할 때까지 약 2~3주 동안 흙이 젖어 있어야 하므로 1cm 정도 발아될 때까지 하루에 한 번 정도 물을 준다.

④ 종자가 발아하면 상태를 주시하여 웃자라거나 고온장애를 입기 전에 피복재를 걷어낸다.

⑤ 파종지의 표면이 마르지 않게 하고 건조할 때는 전체에 물을 뿌린다.

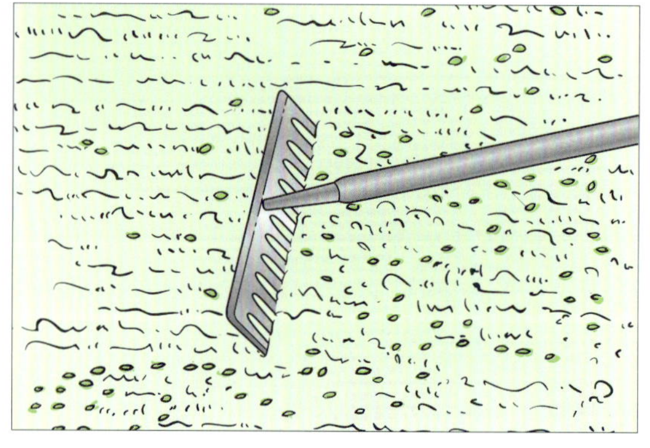
종자와 흙의 섞기

⑥ 새롭게 발아한 잔디의 초장이 7~10cm 정도 되고 파종지가 안정될 때까지는 위를 걷거나 잔디깎기를 해서는 안 된다. 발아 후 2개월이 지났을 때부터 비료를 주되, 한국잔디의 경우 질소, 인산, 칼리를 각각 1년 동안 20g/m², 10g/m², 20g/m²의 비율로 생육기간 중 2~3개월 간격으로 준다.

⑦ 파종 후 20일 이내에 발아되지 않거나, 전면에 골고루 발아되지 않고 일부만 발아하는 경우에는 처음과 동일한 방법으로 다시 파종한다.

주의사항

① 파종지는 외부 충격에 약하므로 보행인의 답압이나 불필요한 충격이 가해지지 않도록 한다. 필요하다면 경고용 안내문을 부착하는 것도 좋다.

② 잔디와 흙의 적절한 혼합과 적정한 습도 및 온도 유지는 종자파종의 성패를 결정하므로 늘 조심스럽게 파종하고 잔디의 발아상태를 관찰한다.

③ 잔디 씨앗은 유통기한 이내의 것을 사용한다.

④ 잔디와 흙은 씨앗이 한 곳으로 몰리지 않도록 잘 섞어야 하며 표면으로 노출되지 않게 한다.

⑤ 바람이 심하게 불거나 비가 오는 날에는 작업을 하지 않는다.

잔디 풀어심기

뗏장에서 흙을 털어낸 포복경이나 지하경을 심는 저렴한 방법으로 종자파종보다 쉽게 잔디를 식재할 수 있다. 그러나 지하경이 생장하여 뿌리를 내려야 하기 때문에 녹화면이 만들어지는 데 시간이 오래 걸린다.

도구

쟁기, 삽, 쇠스랑, 롤러, 넉가래

재료

잔디 지하경이나 포복경

● 고랑 만들기

① 잔디식재 지반을 만든 다음 여기에 물을 뿌리고 충분히 스며들도록 하루 정도 그대로 둔다.

② 정원용 쟁기를 이용해 깊이 10cm, 간격 15~30cm 정도로 고랑을 만든다.

고랑 만들기

● 지하경 심기

① 일정한 간격으로 만들어진 고랑에 5~10cm 정도로 잘라진 지하경을 심는다. 이때 지하경의 잎 부분을 위로 향하게 하고 뿌리가 아래를 향하게 하여 조심스럽게 흙으로 덮는다.

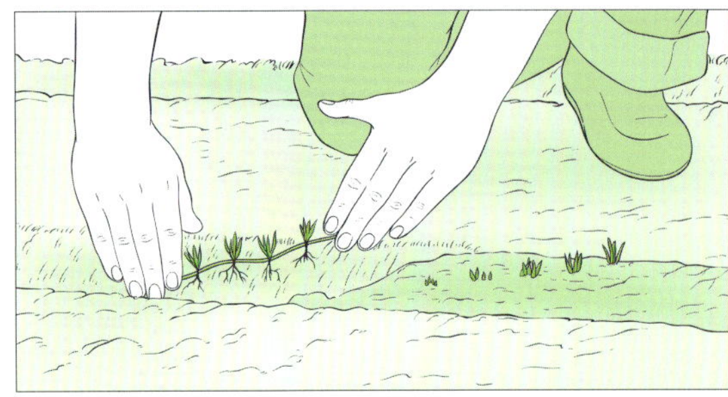

지하경 심기

② 손으로 뿌리 부위의 흙을 가볍게 눌러 고정시킨다.

③ 모든 지하경을 심고 난 후 새로운 뿌리가 날 때까지 땅이 마르지 않도록 물을 충분히 뿌린다.

주의사항

① 지하경을 오랜 시간 외부에 노출시켜 말라 죽지 않도록 해야 한다. 만약 임시로 보관할 때는 물을 주고 비닐 등으로 덮어서 적정한 습도가 유지되도록 한다.

② 식재 전 지하경에 물을 뿌려 충분한 수분을 함유하게 하면 식재 후 잔디의 잎이 자라고 뿌리를 내리게 하는 데 도움이 된다.

떼 붙이기

떼 붙이기는 잔디식재를 하는 데 가장 보편적으로 사용되는 방법이다. 비교적 식재하기 쉽고 녹화가 빠르다는 장점이 있으나 다소 비용이 많이 든다. 잔디를 붙이는 방법에 따라 전면 붙이기(평떼), 줄떼 붙이기, 어긋나게 붙이기로 구분할 수 있다.

도구

삽, 잔디 절단기, 호미, 괭이, 롤러

재료

뗏장(가로 30cm×세로 30cm×두께 3cm), 떼꽂이

● 평떼 붙이기

① 토량개량과 정지작업이 이루어진 지면을 롤러나 인력으로 평탄하게 다져 식재지반을 만든다.

② 잔디를 깔기 하루나 이틀 전에 흙을 충분히 적신다.

③ 30×30cm 크기의 뗏장을 잔디 뿌리가 흙 속에 묻히도록 표토를 파면서 붙이거나 전체 지면에 틈새 없이 1~2cm 간격으로 서로 어긋나게 붙인다.

④ 뗏장의 크기가 맞지 않을 때는 절단기나 손으로 잔디를 적절한 크기로 잘라서 사용한다.

⑤ 비탈면에 잔디를 붙일 경우에는 잔디가 흘러내리지 않도록 하기 위해 뗏장 1매당 2개의 떼꽂이로 잔디를 고정한다.

평떼 붙이기

● 배토와 다짐

① 잔디를 깔고 난 다음, 그 위에 모래나 사질토를 살포한다.

② 만약 이물질이나 돌이 있으면 깨끗하게 골라내고

롤러나 널가래를 이용하여 다진다.

③ 식재 후 토양이 건조할 경우 물을 뿌려서 뿌리가 원활하게 활착하도록 한다.

④ 식재 완료 후 남은 뗏장과 돌, 기타 부스러기, 쓰레기 등을 제거하고 정리한다.

● 줄떼 붙이기

줄떼 붙이기는 잔디를 5, 10, 15, 20cm 정도로 잘라서 15, 20, 30cm 간격으로 띄워 심는다. 뗏장의 간격이 넓기 때문에 호미나 괭이로 잔디뿌리가 흙 속에 묻히도록 표토를 파면서 붙인다.

● 어긋나게 붙이기

어긋나게 붙이기는 뗏장을 20~30cm 간격으로 어긋나게 놓거나 서로 여유있게 맞물리도록 심는 방법이다. 줄떼 붙이기와 마찬가지로 호미나 괭이로 잔디뿌리가 흙 속에 묻히도록 표토를 파면서 붙인다.

☞ 주의사항

① 뗏장은 잡초가 없고 건강한 것을 사용한다.

② 잔디를 오랫동안 쌓아놓으면 잔디가 썩거나 말라 죽게 되므로 반입 후 2~3일 이내에 식재한다.

③ 뗏장은 서늘하고 그늘진 곳에 보관하며, 뗏장에 붙은 흙이 떨어지지 않도록 유의한다.

④ 잔디와 토양 사이가 들뜨면 잔디의 활착에 장애가 있으므로 반드시 배토와 다짐, 관수를 철저히 한다.

롤잔디 붙이기

롤잔디 붙이기는 식재 후 시각적 효과가 뛰어나고 조기에 녹화가 가능하므로 최근 사용이 늘어나는 추세이나 시공비가 비싸다.

도구

삽, 잔디 절단기, 쇠스랑, 다짐기, 롤러

재료

롤잔디(롤 형태로 말아 놓은 잔디), 모래, 사질토

● 롤잔디 깔기

① 토량개량과 정지작업이 이루어진 지면을, 롤러를 이용하거나 인력으로 평탄하게 다져 식재지반을 만든다.

② 잔디를 깔기 하루나 이틀 전에 흙을 충분히 적신다.

③ 롤잔디를 깔고자 하는 길이 방향으로 말뚝을 박고 지시선을 설치한다.

④ 롤로 감겨진 잔디를 부서지지 않도록 조심스럽게 풀어서 말뚝과 지시선을 따라 롤잔디를 펼치면서 깔아 나간다.

⑤ 롤잔디를 전체 지면에 틈새 없이 붙인다. 이때 뗏장의 크기가 맞지 않으면 절단기나 칼로 적절하게 잘

롤 잔디 깔기

라서 사용한다.

●다짐과 관수

① 모래나 사질토를 가볍게 뿌리고 다짐기나 롤러로 잔디를 다진다.

② 식재 후 뿌리를 내릴 때까지 2주 동안 매일 물을 주어 잔디가 마르지 않도록 해야 하며, 특히 롤잔디의 상부 끝단은 쉽게 건조되므로 주의해야 한다.

③ 식재 완료 후 남은 돌, 쓰레기 등을 제거하고 정리한다.

롤잔디 다짐

☞ 주의사항

① 떼 붙이기와 같다.

② 롤잔디는 지표면의 요철에 의해 시공 후 잔디면의 요철이 심하게 드러나므로 잔디를 붙이기 전 지표면을 평평하게 정지해야 한다.

잔디에 관한 상식

- 잔디는 하루에 4~5시간씩 햇빛이 필요하므로 정원의 시설물 아래나 큰 나무 아래에는 되도록 심지 않는 것이 좋다. 만약 불가피하다면 켄터키블루그래스와 같이 그늘에서 잘 견디는 품종을 식재해야 한다.
- 잔디가 지표면을 덮기 전이나 봄철에 발아할 때 과다한 답압을 가하면 잔디가 피해를 입어 잔디밭이 손상되므로 주의해야 한다.
- 잔디가 개나 닭 등의 동물의 배설물과 직접 접촉하게 되면 잔디가 고사하게 되며, 정원의 환경이 불량해지므로 주의해야 한다.
- 잔디에 씨앗이 맺히면 노화가 빨리 오므로 씨앗이 맺히기 전에 잔디깎기를 해주어야 한다.
- 잔디의 종류를 선정하기 위해서는 용도, 비용, 현장조건, 관리가능 정도를 고려하여 결정해야 한다. 대체적으로 한국잔디는 시공비가 저렴하고 관리가 쉬운 반면, 서양잔디는 시공비도 비싸고 세심한 관리가 필요하다.

난지형 잔디와 한지형 잔디의 특성과 종류

구 분	난지형 잔디	한지형 잔디
일반적 특성	• 생육적온 : 25～30°C • 뿌리생육에 적합한 토양온도 : 24～29°C • 낮게 자람. • 낮은 잔디깎기에 잘 견딤. • 뿌리길이가 길고 건조에 강함. • 고온에 잘 견딤. • 조직이 치밀하여 내답압성이 강함. • 저온에 잎색이 황변하고 동사 위험이 있음. • 병해보다는 충해에 약함. • 내음성이 약함. • 포복경, 지하경이 많음.	• 생육적온 : 15～25°C • 뿌리생육에 적합한 토양온도 : 10～18°C • 녹색이 진하고 녹색기간이 김. • 25°C 이상 시 하고현상 발생. • 내예지성에 약함. • 뿌리길이가 짧음. • 내한성이 강함. • 내건조성이 약함. • 내답압성이 약함. • 주로 종자로 번식. • 충해보다 병해에 약함.
분 포	• 온난, 습윤, 온난 아습윤 • 온난 반건조기후 • 전이지대	• 온대～아한대 • 한랭습윤기후 • 전이지대(한지와 난지가 함께하는 지역)
국내 녹색기간(중부지방 기준)	• 5개월(4월 중순～10월 중순)	• 9개월(3월 중순～12월 중순)
원 산 지	• 아프리카, 남미, 아시아 지역	• 대부분 유럽 지역
주요 잔디의 종류	• 한국잔디류 들잔디 금잔디 비로드잔디 갯잔디 왕잔디 한국잔디 • 버뮤다그래스 일반버뮤다그래스 개량버뮤다그래스 • 버팔로그래스 • 버하이아그래스 • 서니피드그래스 • 카펫그래스	• 블루그래스류 켄터키블루그래스 러프블루그래스 캐나다블루그래스 애뉴얼블루그래스 • 라이그래스류 퍼레니얼라이그래스 이탈리안라이그래스 • 페스큐 광엽페스큐 톨페스큐 개량종 터프타입 톨페스큐 세엽페스큐 크리핑레드페스큐 추잉페스큐 쉽페스큐 하드페스큐 • 벤트그래스 크리핑벤트그래스 코로니얼벤트그래스 벨벳벤트그래스 레드탑

잔디의 관리

잔디는 외부공간에 아름다움을 제공해 주는 관상가치, 먼지발생 감소, 쾌적한 녹색환경의 창출, 기후조절 등 많은 효과를 가지고 있다. 그러나 잔디가 제대로 기능을 수행하기 위해서는 잔디깎기, 관수, 비료 주기, 제초, 예초물의 제거, 통기작업 등 체계적인관리를 통하여 건강한 상태를 유지하도록 해야 한다.

잔디깎기

잔디깎기는 관수, 비료주기와 더불어 잔디관리에서 필수적인 중요한 작업이다. 잔디의 종류, 관리수준, 이용목적에 따라 관리하는 방법이 다르다. 반복적으로 잔디를 깎아주면 잔디면이 부드럽고 균일할 뿐만 아니라 잡초방제에도 효과가 크다. 이 밖에도 잔디의 잎수와 포복경 수를 증가시켜 잔디의 밀도를 높일 수 있으며, 동시에 잔디 하부의 잎이 말라 죽는 것을 방지할 수 있다.

잔디를 깎기 위한 도구로는 수동가위, 낫 등의 전통적인 도구가 있으나, 최근에는 작업의 효율성 때문에 예초기나 엔진식 잔디깎기를 많이 사용한다.

도구

수동가위, 낫, 예초기, 엔진식 잔디깎기, 레이크, 갈퀴

예초기의 종류

잔디를 깎는 예초기는 그 종류가 매우 다양한데 용도에 적합한 것을 사용해야 한다. 작업 전에 미리 칼날을 예리하게 만들어 잔디가 찢기지 않고 깨끗하게 절단될 수 있도록 한다. 잔디의 종류에 적합한 예초높이를 결정한 후 이에 맞게 예초기의 높이를 조정한다. 일반적인 정원에서 잔디의 예초 높이는 2～5cm가 좋다.

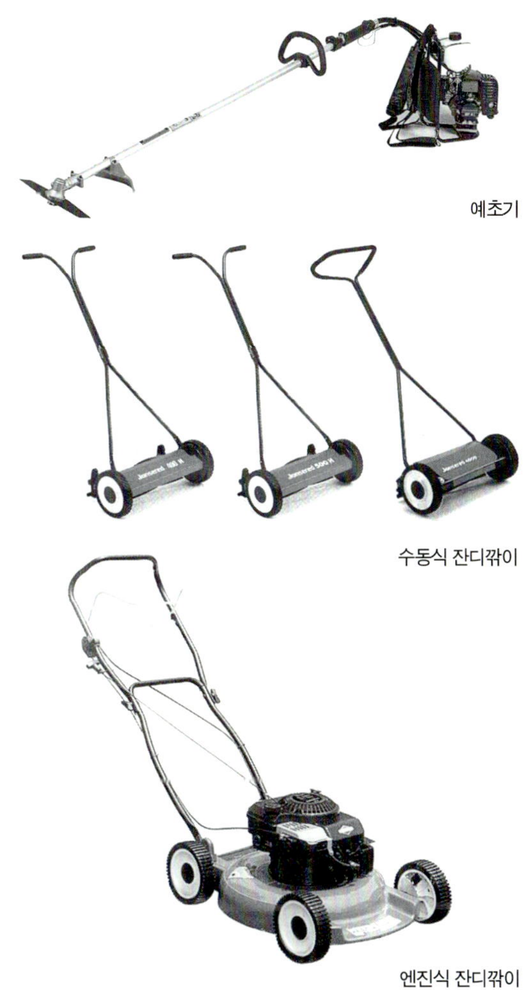

예초기

수동식 잔디깎이

엔진식 잔디깎이

예초시기

① 예초의 주기와 빈도는 기후, 잔디의 종류, 신초 생장률, 환경조건, 잔디의 사용목적에 따라 달라진다. 일

반적으로 전체 높이의 30~40% 정도 깎아서 원하는 높이를 유지할 수 있을 때가 좋다.

② 잔디는 보통 늦가을부터 이른 봄까지는 잘 자라지 않기 때문에 어느 정도 자란 채로 유지시키다가 봄에 들어 왕성하게 자라기 시작할 때부터 자주 깎아준다.

③ 잔디를 깎을 때는 잔디에 어느 정도 충격을 주게 되므로 잎이 찢기지 않도록 하고 땅이 젖은 상태에서는 잔디를 깎아서는 안 된다.

● 예초기 준비

① 예초기를 도로나 보도에 놓고 점화플러그 와이어를 잡아당겨 시동을 건다.

② 높이조절 레버를 이용하여 날을 원하는 높이로 맞춘다. 2~5cm 정도가 적당하다.

● 잔디를 깎는 방향

① 평평한 곳에서는 나란한 방향이나 나선형으로 잔디깎기의 패턴을 줄 수 있다.

② 경사지에서는 높은 쪽에서 작업을 시작하며, 예초기를 수평으로 이동해 가면서 잔디를 깎는다.

● 지장물 주변정리

① 기둥이 있거나 협소하여 큰 예초기로 접근하기 어려운 곳은 좁은 곳의 예초도 가능한 소형 예초기로 깨끗하게 깎는다.

② 잔디를 깎아낸 예초물은 미관과 잔디생육을 위해서 제거한다.

☞ 주의사항

예초기로 인해 돌이 튕기거나 날이 부러져 위험할 수 있으므로 작업 전에는 주변에 돌이나 이물질이 없는지 확인하고 반드시 보호안경, 장갑, 보호대를 착용해야 한다.

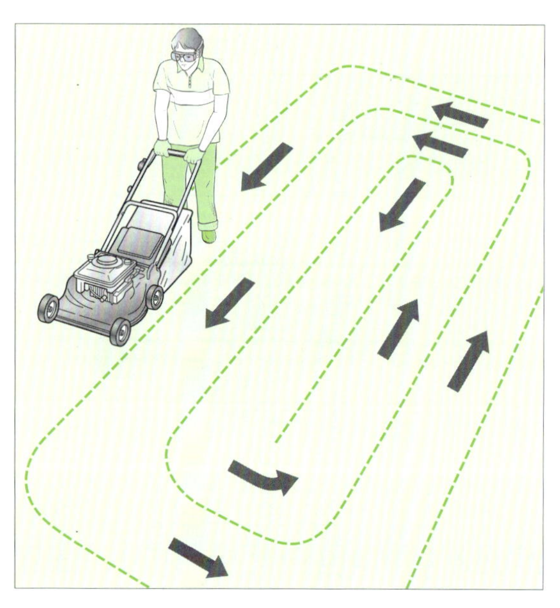

나선형 잔디깎기

지장물 주변 잔디깎기

비료 주기

비료 주기는 잔디관리에서 중요한 과정이다. 질소(N), 인산(P_2O_5), 칼리(K_2O)의 비료 3요소와 미량원소는 잔디의 생육에 절대적으로 필요한 성분이며, 부족하거나 과다할 경우에는 생리적 장애를 일으키게 된다. 따라서 잔디가 제대로 자라지 못하면 원인을 파악해서 그에 맞는 비료를 주어야 한다.

초종별 연중 질소 요구량

초 종	질소 순성분 (g/m²)
켄터키블루그래스	20~40
크리핑벤트그래스	20~40
버뮤다그래스	20~40
톨페스큐	15~25
라이그래스	15~20
조지아그래스	10~20
파인페스큐	15~20

도구

비료 살포기

비료 주기 계획

① 비료를 많이 주면 잔디가 잘 자라기는 하지만 연약해져서 답압에 약하고 병해가 많이 발생한다. 그러므로 적당한 양의 비료를 정기적으로 균일하게 주는 것이 바람직하다.

② 질소나 칼리질의 비료를 한 번에 많이 주면 비료로 인한 피해뿐만 아니라 병해가 쉽게 발생한다. 따라서 질소비료는 순성분으로 연간 m^2당 4~16g 정도를 주되 1회당 5g/m^2를 넘지 않는 것이 좋다. 인산과 칼리의 연중 시비량은 토양검사 결과를 참고하는 것이 바람직하지만 비율에 따라 질소 : 인산 : 칼리의 순성분 비를 3 : 1 : 2로 하는 것이 권장된다.

③ 비료 주기는 잔디가 활발하게 생육할 때 집중적으

비료의 포설

로 해야 한다. 난지형인 한국잔디는 비교적 비료 주기가 어렵지 않으며, 주로 봄과 여름에 주되 늦가을에 주면 동해피해와 잡초의 경합을 야기하므로 주의해야 한다. 한지형 잔디류는 봄과 가을에 비료를 주되 생육 후반부인 9월 이후에 그 빈도를 높이는 것이 좋다. 특히 여름철 고온다습한 시기에 비료를 주면 병해가 많이 발생하므로 매우 주의해야 한다.

비료의 종류

토양의 상태를 파악한 후 적정량의 질소, 인산, 칼리를 함유한 비료를 선정한다. 잔디에 사용되는 비료는 액상비료, 고형비료, 입자형비료가 있는데 액상비료는 가격은 비싸지만 사용하기 편리하고 효과가 빠르고 고형비료는 가격이 다소 비싸며 효과가 천천히 나타나며, 입자형비료는 비교적 가격이 저렴하고 효과가 빨리 나타난다.

● **비료 주는 방법**

① 비료를 줄 면적을 산정하고 비료의 양을 계산한다.

② 비료 살포기에 비료를 넣고 게이지를 적정량으로 맞춘다.

③ 포설기의 구멍을 열고 잔디밭의 한쪽 구석에서부터 일정한 속도로 진행해 오면서 비료를 준다.

④ 잔디밭의 끝부분에서는 살포기의 구멍을 닫아 비료가 과다하게 뿌려지지 않도록 한다.

⑤ 먼저 뿌린 부분과 겹치지 않도록 하면서 두 번째 열의 비료를 뿌린다.

⑥ 비료를 뿌린 다음에는 포설방향과 수직으로, 잔디밭 끝부분에 2열로 비료를 뿌려 비료를 뿌리지 않은 부분이 없도록 한다.

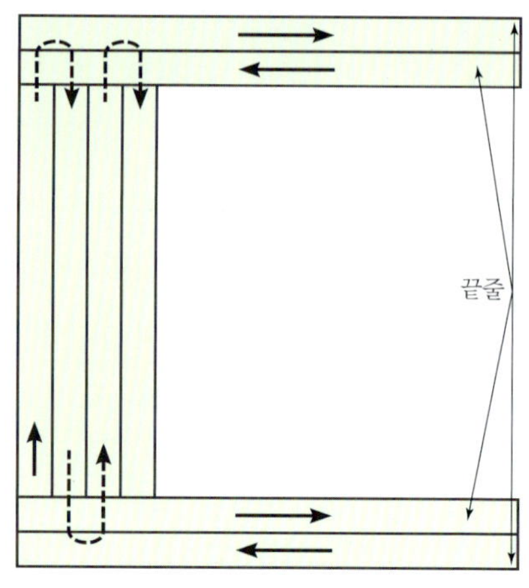

비료의 포설 방향

주의사항

① 비료, 제초제 등 화학물질은 피부에 닿거나 눈에 들어가면 위험하므로 작업할 때는 긴 팔 셔츠와 긴 바지를 입고 장갑을 착용하며, 필요한 경우에는 안경이나 마스크도 써야 한다.

② 액체비료나 수용성 비료를 녹여서 사용할 때는 비료를 준 효과가 빨리 나타나고 재료와 시간을 효율적으로 사용할 수 있으며 병행하여 제초제를 혼용할 수 있다. 그러나 전문적인 살포장비가 필요하고 전문가와 상담해야 한다.

각 원소의 역할과 결핍 · 과잉 증상

원소	역 할	결핍증상	과잉증상
질소	• 원형질의 주성분 • 뿌리 발육, 경엽의 신장 • 잎을 푸르게 함. • 양분의 흡수, 동화작용	• 잎의 황화 • 생육 저조 • 예초물의 감소 • 달러 스폿, 레드 스레드, 녹병 발병 용이	• 잎의 암록화 • 지나치게 무성해짐. • 줄기, 잎이 연약해짐. • 답압에 대한 저항성이 저하되며 병에 약해짐.
인산	• 원형질의 구성성분 • 당류와 결합하여 호흡작용에 유효한 역할 • 뿌리의 신장, 발아, 분열을 촉진 • 개화 · 결실과 품질의 향상, 빠른 성숙	• 잎의 폭이 좁아지고 줄기와 잎맥이 자색으로 변함. • 분얼이 적고 뿌리의 발달이 불량 • 잎의 색이 짙은 녹색을 띠다가 보라색으로 변함.	• 길이가 짧아지고 잎이 비육해지며 생육이 불량 • 성숙이 빨라지고 예초량 감소 • 황화현상 유발
칼리	• 세포액 중 이온으로 존재하고 탄수화물의 합성, 이동, 축적에 관여 • 단백질 합성에 관여 • 증산작용 조절로 체내수분과 관계 • 뿌리, 줄기를 강하게 하고 병에 강하게 함. • 삼투압 조절 기능	• 길이와 잎의 생장이 억제 • 세포막과 세포벽이 얇아져서 내답압성이 저하됨. • 병에 약해짐. • 뿌리 발달 불량 • 갈색마름병 발병 용이	• 마그네슘 결핍 유발 • 칼슘 흡수 저해
칼슘	• 펙틴과 결합하여 세포막을 건강하게 하고 병에 강하게 함. • 뿌리 발육 촉진 • 세포막의 주성분	• 생장점 주위의 황화와 회백색 반점 발병 • 뿌리가 짧고 굵어짐.	• 망간, 철, 붕소, 아연의 흡수를 저해
마그네슘	• 엽록소의 구성성분 • 인산의 이동 촉진 • 분열조직에 많이 존재 • 효소계의 조효소로서 역할	• 잎맥 사이에 황화현상이 발생	
황	• 단백질의 구성성분 • 엽록소 합성에 관여 • 식물 내에 휘발성 물질로 존재	• 단백질 합성 저하 • 길이가 짧아지고 탈색 • 곧은 줄기의 경화	• 토양을 산성화 • 토양에 황화수소가 발생해 잔디 뿌리가 상함.
철	• 엽록소의 생성 촉진 • 호흡작용에 조효소로 작용	• 엽록소의 생성 제한 • 잎의 황화	• 망간과 인산의 결핍 유발

제초작업

잔디밭에는 잔디 이외에 원하지 않는 식물이 자랄 수 있다. 이러한 잡초는 나름대로의 가치가 있지만 잔디의 생육을 위해서는 제거해야 한다. 예를 들어 토끼풀, 쑥 등이 자라면 잔디밭 전체를 망가뜨릴 수 있으므로 정기적으로 제초작업을 해야 건강한 잔디밭으로 가꿀 수 있다.

제초작업을 할 때는 먼저 제거하고자 하는 잡초의 발아시기와 번식방법은 정확하게 파악해야 한다. 잡초의 주된 번식방법이 영양번식인지 종자번식인지를 파악하는 것이 대책수립을 위한 중요한 사항이다.

잡초를 방제하는 방법에는 손이나 포크를 이용한 물리적 방제와, 제초제를 이용한 화학적 방제가 있다. 물리적 방제는 가장 간단한 방법이지만 작업효율이 낮은 반면, 화학적 방제는 비용과 시간을 절약할 수 있으나 약제에 의한 피해가 우려되며, 토양생태계에 영향을 줄 수 있으므로 사용할 때 주의해야 한다. 보통 정원에서는 가급적 물리적 방제를 권하지만 간혹 화학적 방제를 곁들이면 효과적이다.

도구

제초용 포크, 간이 스프레이, 가압 스프레이, 호스 스프레이

재료

제초제

발아 전 처리 제초제 : 시마진, 나프로파미드

경엽처리제 : 이사디(2, 4-D), MCPP, 디캄바

잔디에서 문제가 되는 잡초

구 분	종 류
봄에 발아하는 1년생 화본과 잡초	돌피, 미국개기장, 이탈리아 호밀풀, 참새그령
봄과 가을에 발아하는 1년생 화본과 잡초	포아풀류
봄에 발아하는 다년생 화본과 잡초	존슨그래스, 오리새
늦봄에서 여름에 걸쳐 발아하는 1년생 화본과 잡초	바랭이류, 강아지풀류, 왕바랭이
늦봄에서 여름에 걸쳐 발아하는 다년생 화본과 잡초	우산풀, 쥐꼬리새류
봄에 발아하는 1년생 광엽잡초	큰석류풀, 마디풀, 명아주, 쇠비름, 방가지똥, 애기땅빈대
봄에 발아하는 2년생 광엽잡초	소리쟁이, 야생당근, 점나도나물
봄에 발아하는 다년생 광엽잡초	토끼풀, 쑥, 서양민들레, 야생마늘류
봄과 가을에 발아하는 다년생 광엽잡초	개자리류, 괭이밥류, 질경이류
가을에 발아하는 2년생 광엽잡초	별꽃, 광대나물, 냉이

비선택성 제초제 : 근사미, 파라콰트(그라목손)

손으로 뽑기

① 잡초 주변의 토양이 건조하거나 단단할 때는 작업을 하지 말아야 한다. 하루나 이틀 전 잔디밭에 물을 뿌려서 토양이 부드러워진 다음에 작업을 하면 좋다.

② 잡초의 하부를 잡고 천천히 좌우로 흔들면서 당겨 뽑는다.

손으로 뽑기

제초용 포크의 사용

① 뿌리가 깊이 박힌 잡초는 제초용 포크나 호미 등의 도구를 사용한다.

② 잔디밭에 물을 뿌려서 토양이 충분한 수분을 함유하여 부드러워진 다음에 작업을 하면 좋다.

③ 잡초를 한 손으로 잡고 다른 한 손의 포크는 뿌리가 있는 땅 속으로 삽입한다.

④ 포크를 위로 들어올려 잡초를 뽑는다. 이때 줄기나 잎이 끊어져서 뿌리가 남지 않도록 주의한다.

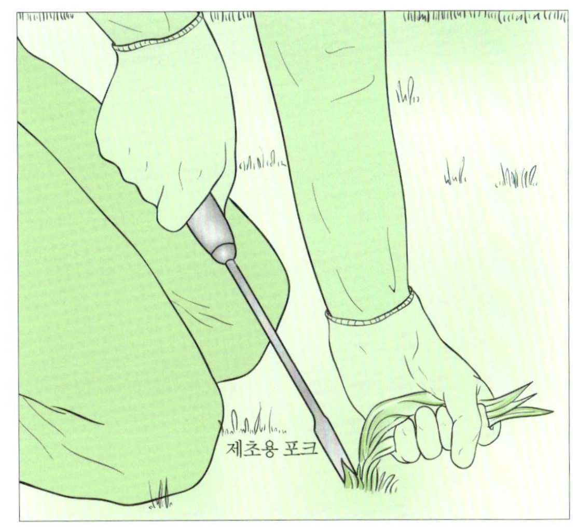

제초용 포크를 사용하여 잡초 뽑기

⑤ 잡초 제거 후 구멍을 흙으로 평평하게 메우고, 잔디 훼손 범위가 넓을 때는 잔디씨앗을 뿌린 후 흙으로 덮는다.

포장 블록 사이의 잡초제거

① 포장 블록 사이에 자라고 있는 잡초를 제거할 것인지 판단한다. 만약 포장 블록을 들뜨게 하지 않고 시각적으로도 좋다면 자연스러운 분위기를 연출하기 위해 잡초를 그대로 둘 수 있다.

② 잡초를 제거하기 위하여 드라이버와 같이 날카로운 것으로 잡초의 뿌리를 파낸다.

③ 원하는 잡초를 모두 파낸 후 비질을 하여 모아서 퇴비망이나 퇴비발효상자에 버린다.

④ 잡초가 자라서 포장 블록이 들뜨거나 피해를 주었다면 다시 들어내고 보수해야 한다.

포장 블록 사이의 잡초제거

기타 방법

이 밖에도 물리적 잡초방제에는 잔디면에 적용이 가능한 잔디깎기와 일반 토양에 사용하는 경운, 유기물 피복, 비닐 덮기, 왕모래 · 콩자갈 깔기 등이 있다.

① 잔디깎기

전통적인 방법의 하나로 잡초의 지상부를 잘라줌으로써 잡초를 점진적으로 제거하는 방법이다. 그러나 바랭이, 포아풀 같은 잡초는 윗부분을 깎아도 생장을 멈추지 않으므로 효과가 없으며 잡초제거를 시행하지 않고 잔디를 깎을 경우 잡초가 확산될 우려가 있으므로 주의해야 한다.

② 경운

호미나 경운기를 이용해서 기존 잡초를 억제하고 제거하는 전통적인 방법이지만 묻혀 있는 다른 잡초종자가 발아하는 문제가 있으므로 화학적 방제와 병행하면 좋다.

③ 유기물 피복

부숙된 나무껍질, 낙엽, 짚 등을 토양에 피복하면 빛의 투과를 차단하여 빛에 의존하는 잡초들의 발아를 억제할 수 있다. 잔디밭과 수목 주변에 사용하면 좋다.

④ 비닐 덮기

비닐을 덮으면 빛과 공기가 차단되기 때문에 잡초의 발아와 생육을 억제할 수 있다. 그러나 잔디밭보다는 채소밭의 잡초방제에 효과적이다. 사용 후에는 반드시 폐비닐을 수거해서 처리해야 한다.

⑤ 왕모래 · 콩자갈 깔기

왕모래나 콩자갈을 깔아 빛을 차단하고 잡초가 발아하기 부적합한 표토층을 만드는 방법으로 잡초방제에 효과적이다. 잔디밭과 조경식물 또는 구조물 사이에 이러한 재료를 사용하면 배수와 잡초방제 효과를 동시에 얻을 수 있다.

소형 스프레이로 제초제 뿌리기

① 잡초가 부분적으로 나 있을 경우에는 소형 스프레이로 제거한다. 소형 스프레이에 제초제를 담아서 잡

소형 스프레이를 사용하여 잡초 제거하기

초 위에 뿌린다.

② 제초제를 뿌린 후 잡초가 죽을 때까지 기다린 후 제거한다.

가압 스프레이로 제초제 뿌리기

① 잔디밭 전체에 잡초가 많이 나 있을 때는 가압 스프레이로 잡초를 제거한다. 먼저 잡초가 있는 지역을 말뚝과 줄을 이용해서 첫 번째 살포할 부분을 구획한다.

② 가압 스프레이의 압력을 높인 후 잔디밭으로부터 30cm 정도 떨어져서 제초제를 뿌린다.

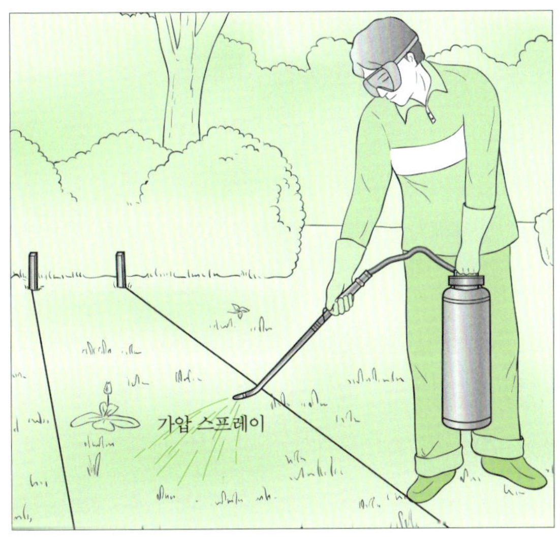

가압 스프레이로 제초제 뿌리기

③ 다음 구역에도 같은 방법으로 제초제를 뿌린다.

④ 이때 구역과 구역 사이에 제초제를 중복해서 과다하게 뿌리면 토양이 오염되거나 잔디가 죽게 되므로 주의한다.

☞ 주의사항

① 제초제의 포장지에 있는 주의사항과 살포방법에 따라 정확한 살포량과 방법을 결정한다.

② 잡초가 잔디밭 전체에 확산되어 있지 않을 경우에는 부분적으로 제초제를 뿌리는 것이 좋다.

③ 바람이 불지 않는 날 제초제를 뿌려야 안전하고 효과적으로 작업할 수 있다.

④ 제초제를 뿌린 후 최소한 이틀이 지난 후 잔디를 깎을 수 있으며, 이때 제초제를 뿌린 잡초는 미리 제거하여 주변 잔디를 오염시키지 않도록 한다.

⑤ 비료, 제초제, 화학물질은 피부에 닿거나 눈에 들어가면 위험하므로 작업할 때는 긴 팔 셔츠와 긴 바지를 입고 장갑을 착용하며, 필요한 경우에는 안경이나 마스크도 써야 한다.

⑥ 추기 잡초제거는 잡초의 씨가 결실하기 전에 시행하여야 잡초발생의 확산을 막을 수 있으며, 이듬해 잡초제거를 보다 손쉽게 할 수 있다.

제초 후 잔디씨앗 뿌리기

잡초를 제거한 후 남겨진 맨땅은 주변지역과 고르게 흙을 깔아주어 잔디의 포복경이 생장하도록 유도해야 한다. 만약 제초한 부위가 넓다면 뗏장을 옮겨 심거나 잔디씨앗을 뿌려서 잔디밭을 복구해 주어야 한다.

도구

삽, 포크, 호미

재료

뗏장, 잔디씨앗, 짚

● 토양의 준비

① 15~20cm 깊이로 땅을 판 후 이물질을 제거하고 흙덩어리를 잘게 부순다.

② 비료나 부엽토를 뿌리고 흙과 고르게 섞는다.

③ 주변 토양의 높이에 맞게 흙을 발로 밟아 다진다. 만약 흙이 모자라면 더한다.

④ 토양의 표면을 갈퀴를 이용하여 곱고 평평하게 고른다.

● 잔디씨앗 뿌리기

① 엄지손가락과 집게손가락으로 잔디씨앗을 뿌린다.

② 갈퀴를 이용해서 위쪽 5mm 정도의 흙과 잔디씨앗을 고르게 섞고 호미의 뒷면으로 가볍게 다진다.

③ 표면을 짚으로 덮어 잔디씨앗이 날아가거나 새가 먹지 못하게 하고, 물을 뿌려 토양에 적정한 습도를 유지해 준다.

☞ 주의사항

종자파종과 동일하다.

토양의 준비

잔디씨앗 뿌리기

예초물 제거와 통기작업

잔디를 자주 자르고 비료를 많이 사용하면 예초물이 과다하게 축적된다. 이 때문에 투수성과 통기성이 나빠지고 흡습성이 높아져서 병이 많이 발생하게 되고 뿌리가 퇴화되어 전반적으로 잔디의 활력이 낮아진다. 이러한 상태는 잔디밭을 조성한 지 2~3년 후에 볼 수 있으며 이때는 과다한 태치*thatch*를 제거하거나 공기가 통할 수 있도록 구멍을 뚫어주어야 한다.

도구

모종삽, 갈퀴, 에어레이팅 포크, 에어레이터, 쇠스랑

● 예초물의 제거

① 모종삽으로 잔디를 파내고 예초물과 토양층이 노출되도록 흙을 파낸다.

잔디 예초물 확인

② 토양과 잔디 사이에 죽은 잔디층의 두께를 확인하고 1.5cm보다 두꺼우면 예초물을 제거해야 한다.

③ 50~60cm 간격으로 갈퀴에 힘을 가하면서 예초물을 긁어서 제거한다.

④ 긁어낸 예초물은 모아서 퇴비로 사용해도 좋다.

예초물 긁어 모으기

● 통기작업

① 잔디를 예초하고 예초물을 제거한 후 통기작업하기 하루 전에 물을 뿌려 충분히 적신다.

인력에 의한 코어 파내기

코어 부수기

② 소규모 잔디밭은 인력으로 에어레이팅 포크를 이용하여 원통형 코어를 파낸다.

③ 경계부에서 시작해 잔디밭 전체에 골고루 구멍을 뚫는다. 흙이 단단한 경우에는 추가로 물을 뿌려서 부드럽게 한 후에 작업을 해도 좋다.

④ 파낸 원통형 코어를 갈퀴의 뒷면으로 잘게 부수고 토량개량제와 비료를 섞어서 구멍을 채운 다음에 1.5cm 두께로 잔디면을 덮고 충분히 물을 뿌린다.

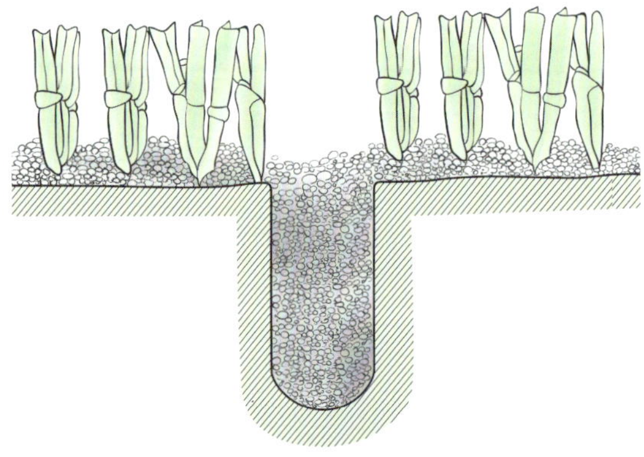

통기작업과 배토가 끝난 모습

● 기타 통기작업

① 이 밖에도 통기작업은 칼로 토양을 베어주는 슬라이싱, 뾰족한 못 같은 도구로 토양에 구멍을 내는 스파이킹 등의 작업을 할 수 있다.

② 넓은 잔디밭은 잔디깎기와 같은 패턴으로 구멍을 뚫는다. 단, 줄이 겹치지 않도록 주의한다.

주의사항

통기작업을 한 후 생긴 구멍을 헐겁게 채우면 물과 양분의 침투가 용이하여 뿌리의 생육을 활발하게 하고 태치층을 줄여주는 효과가 있다. 그러나 잔디에 상처를 주고 구멍이 해충의 근거지가 될 수 있으므로 통기작업은 잔디가 왕성하게 자라는 시기에 시행하는 것이 좋다.

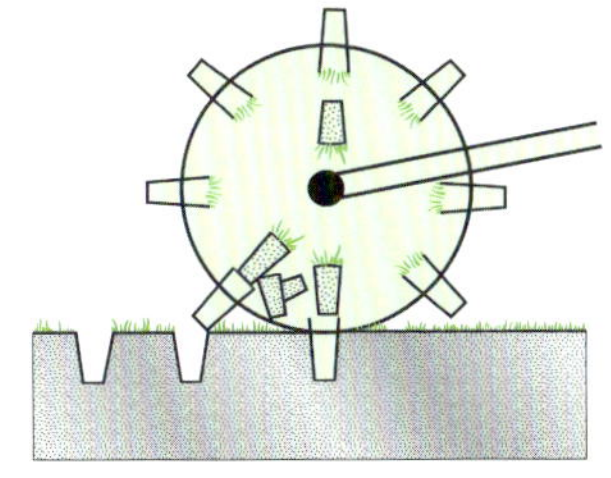

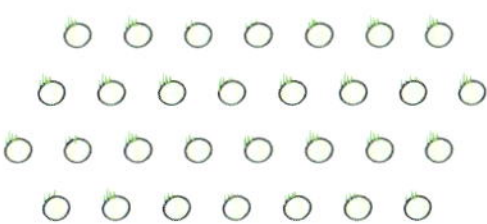

장비를 이용한 코어 파내기

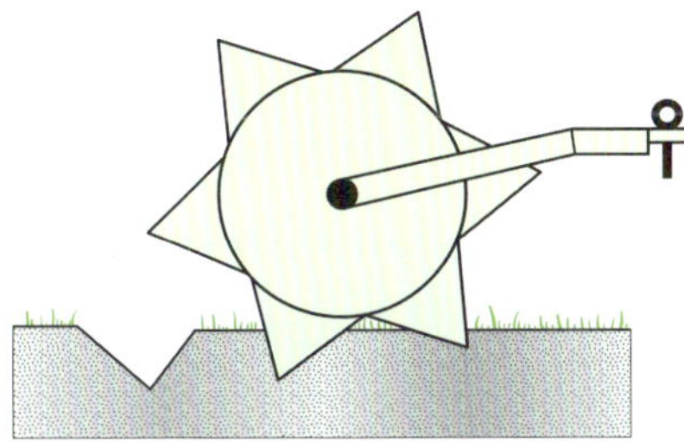

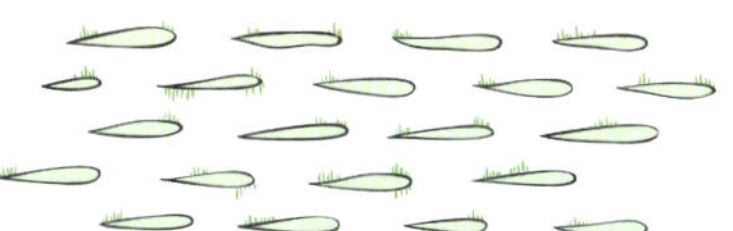

슬라이싱

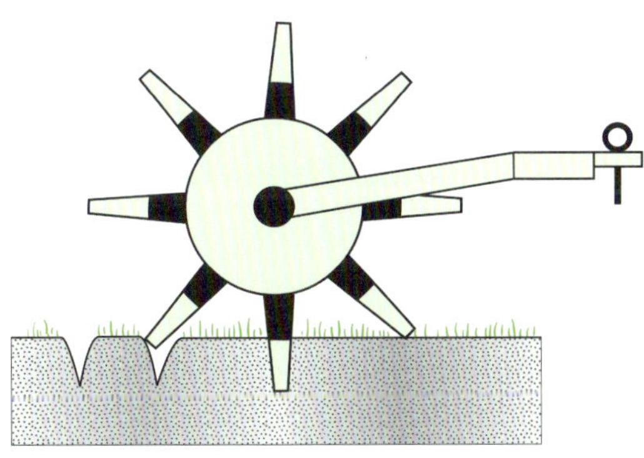

스파이킹

지피식물의 식재

지피류와 초화류의 소재는 종자, 1년생, 2년생, 여러해살이뿌리, 알뿌리 식물 등으로 구분한다. 대부분의 지피류와 초화류는 아름다운 꽃과 향기, 잎과 열매를 가지고 있어 관상용으로 좋을 뿐만 아니라, 교목이나 관목과 잔디를 부드럽게 연결해 주어 단조로움을 없앨 수 있다. 아울러 경사지에 식재하면 침식을 방지해 주기도 하며 일부 초화류는 잔디가 자라지 못하는 그늘에서도 잘 자라기 때문에 잔디를 대체할 수 있는 좋은 소재가 된다. 최근 들어 여가활동의 일환으로 야생초화류에 대한 사람들의 관심이 증대되고 있어 정원에서 자연적 분위기를 연출하는 데 좋은 소재로서 사용이 증가하고 있다.

초화류 선택 및 준비

초화류의 선택

아름답고 자연스런 정원을 만들기 위해서 초화류의 꽃 · 잎 · 열매가 가지고 있는 고유한 특성을 종류별로 이용하면 좋다. 초화류는 개화기간이 길고 잎이 오랫동안 지지 않는 것을 사용하여 다양하게 즐길 수 있다. 특히 우리나라에는 산과 들에서 생육하고 있는 야생 초화류도 많고, 재배하여 판매하고 있는 초화류도 많기 때문에 정원을 만드는 데 사용하면 좋다.

대부분의 초화류는 원예종묘상이나 나무시장에서 구입할 수 있다. 종류에 따라 씨앗, 모종, 알뿌리, 포트 등 다양한 형태로 유통되고 있으므로 이용목적에 적합한 것을 선택하면 된다.

초화류의 다양한 형태

식재지반의 조성

화단조성에 필요한 토양은 유해물질이나 잡초, 병충해 등이 없어야 한다. 땅을 가는 도중에 나오는 돌, 잡초, 해충, 쓰레기를 제거해야 한다.

새로 화단을 조성하려면 가을에 미리 토양을 갈아주는 것이 좋다. 일반적으로 8~15cm 높이로 토양개량제를 깔고, 삽이나 호미로 20~30cm 깊이로 흙을 뒤집어엎고 갈아준다. 이렇게 하면 봄에 식물을 심기 전에 토양이 잘 섞이게 되고, 토양에 있는 해충의 알과 애벌레를 밖으로 노출시켜 병충해로부터 토양을 방제할 수 있다.

일반적으로 토양은 표토가 깊고 건습의 차이가 심하지 않으며, 배수가 잘 되면서 양분이 충분한 사질양토가 좋다. 필요하다면 부엽토나 퇴비를 섞어서 토양을 개량해 주어야 하며, 최근에는 버미큘라이트*vermiculite*나 펄라이트*pearlite*, 토탄土炭 등을 사용하여 토양을 개량하기도 한다.

주요 야생화의 특성

초종	개화기	꽃색	길이(cm)	내음성	내건성	자생지
구절초	9~10월	흰색, 분홍색	50~100	약	강	햇빛이 잘 드는 척박지
낙동구절초	9~10월	흰색, 연홍색	50	약	강	
한라구절초	9~10월 초	흰색, 분홍색	30	약	강	높은 산지의 풀밭
서홍구절초	10~11월	붉은색	55	중	강	반그늘
포천구절초	9~10월	분홍색	50	중	강	
벌개미취	6~10월	연자주색	50~60	강	중	햇빛이 잘 드는 습윤지
애기기린초	6~ 8월	황색	20	중	강	높은 산 바위틈
옥잠화	7~ 8월	백색	50~80	강	약	물가 습윤지
비비추	7~ 8월	자주색	30~35	강	중	
좀비비추	7~ 8월	연자주색	30	강	중	바위 틈
물솜방망이	5~ 6월	황색	50~60	중	약	야산과 경계지 습지
패랭이	6~ 9월	분홍색	30	중	강	지피군식용
줄패랭이	7~ 8월	연분홍	30~80	중	강	
노루오줌	7~ 8월	홍자색	30~70	중	약	햇빛이 잘 드는 습윤지
쑥부쟁이	8~ 9월	자주색	30~70	약	중	햇빛이 잘 드는 척박지
눈개쑥부쟁이	8~10월	연한자주색	30~50	약	강	높은 산
억새	9월	흑자색	100~200	강	강	법면피복, 지피군식용
앵초	4월	홍자색	15~40	강	약	반그늘, 서늘한 습윤지
매미꽃	4~10월	황색	20~30	강	약	계곡 주변 낙엽수 밑
우산나물	7~ 8월	흰색, 연분홍	70~120	중	약	낙엽수림 내 반그늘
맥문동	5~ 6월	연보라색	30~50	강	강	수림 내 하부 습윤지
개미취	7~10월	연분홍색	100~150	약	약	햇빛이 잘 드는 계곡
돌나물	5~ 6월	황색	10~20	강	약	낙엽수림 하부 습윤지
미역취	7~10월	황색	40~90	중	중	낙엽수림 하부
큰꿩의비름	8~ 9월	홍자색	30~70	중	강	절벽 바위 틈
좀씀바귀	5~ 6월	흰색	10	강	강	늪, 노변 등
섬백리향	6월	홍자색	5~10	강	강	절벽 바위 틈
제비꽃	4~ 5월	자주색	10~15	약	강	양지바른 곳
산부추	8~ 9월	자홍색	30~60	중	중	양지바른 낙엽수림 하부
마타리	8~ 9월	살색	60~150	약	강	빛이 잘 드는 산기슭
꿀풀	5~ 7월	짙은자주색	20~40	약	중	빛이 잘 드는 산기슭의 풀밭
하늘나리	6~ 7월	홍색	30~80	강	중	지피군식용
머위	2~ 4월	황백색, 백색	40	강	중	교목 하부, 음지용
매발톱	4~ 5월	황색	200	중	강	지피군식용
원추리	6~ 7월	등황색	50~80	중	강	척박지, 반그늘 지피용

초화류의 식재 패턴

초화류는 대부분 군식으로 심는데 식물의 규격과 생장속도를 고려하여 적절한 간격으로 식재하여야 한다. 또한 식재효과를 얻고자 하는 시점에 따라 완성형, 반완성형, 미래완성형으로 구분하여 동일한 종류일지라도 완성형은 식재간격을 가깝게 하는 것이 좋다. 예를 들어, 원추리를 심을 때 1m²에 완성형은 49본, 반완성형은 35본, 미래완성형은 25본으로 달리 심을 수 있다. 만약 시간 여유가 있어 식재간격을 멀리하면, 구입비용을 절감할 수 있고 초화류가 성장하는 모습을 상상할 수 있어 두 배의 효과를 얻을 수 있다. 일반적으로 적용할 수 있는 초화류의 식재 패턴은 다음과 같다.

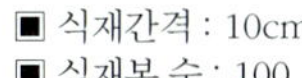

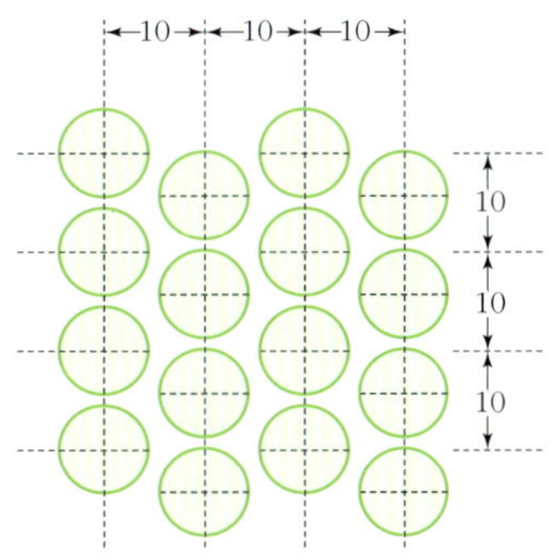

■ 식재간격 : 12.5cm
■ 식재본 수 : 64

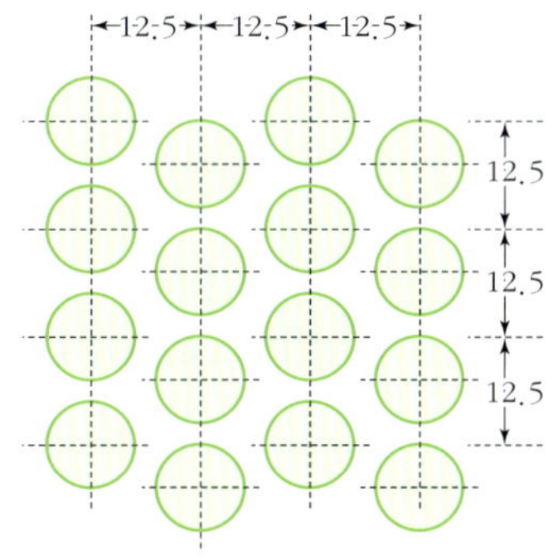

■ 식재간격 : 15cm
■ 식재본 수 : 49

15 15 15

15 15 15 15

■ 식재간격 : 20cm
■ 식재본 수 : 25

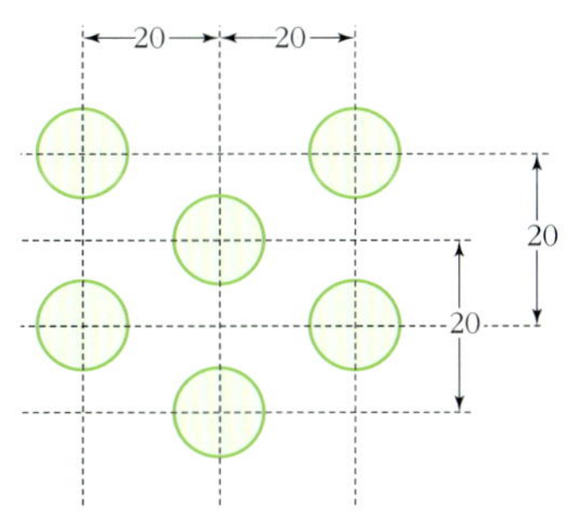

■ 식재간격 : 25cm
■ 식재본 수 : 16

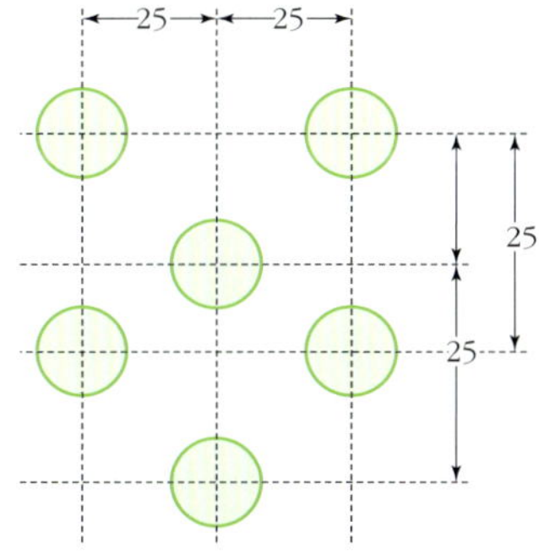

■ 식재간격 : 30cm
■ 식재본 수 : 11

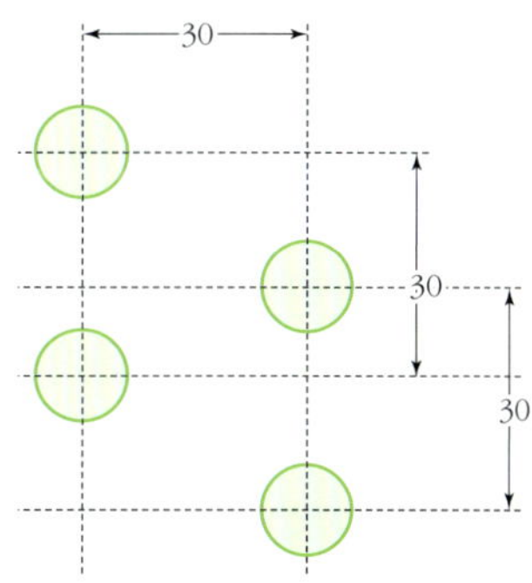

초화류의 식재 패턴(1m² 기준)

초화류의 식재

초화류의 유통

초화류는 대부분 꺾꽂이나 분얼로 번식이 되는데 모판이나 포트에 재배되어 유통된다. 종류에 따라 적합한 토양이 다르고 잎, 꽃, 열매가 독특한 특성을 가지고 있으므로 식재할 곳과 잘 어울리는 종을 선택한다.

도구

모종삽, 삽, 갈쿠리

재료

모종과 모판, 초화류

모종심기

● **모판에서 떼어내기**

① 모판에서 5~6개 정도의 모종을 떼어내 손으로 분리한다. 이때 뿌리가 끊어지거나 충격을 받지 않도록 조심한다.

② 분리한 후 시들지 않도록 바로 모종을 땅에 심는다.

● **모종 심기**

① 미리 준비한 흙을 확인하고 식재할 곳에 잡초가 있다면 사전에 제거하고 충분히 경운한다.

② 모종삽으로 모종을 심을 곳의 흙을 파낸다.

③ 모종을 구멍에 넣고 파낸 흙을 채우면서 심는다.

모판에서 모종 떼어내기

● **흙 채우기와 물 주기**

① 모종삽으로 남은 흙을 모아서 모종을 심은 곳에 모으고 가볍게 누른다.

② 손으로 흙을 살짝 다지고 모종의 가운데 부위를 주변보다 조금 낮게 심으면 모종이 물을 쉽게 흡수할 수 있다.

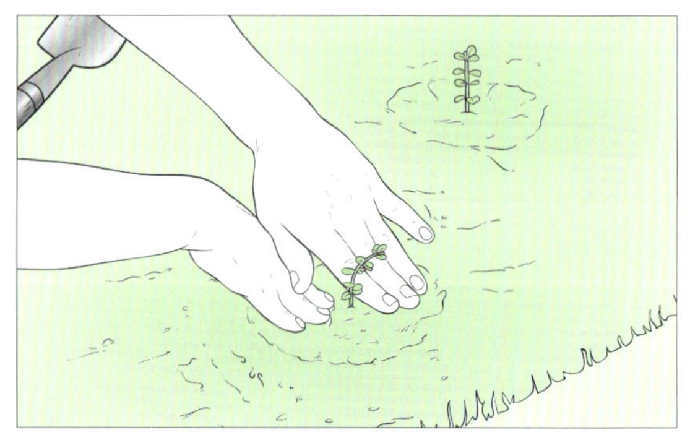

모종 심기

③ 모종을 모두 심은 후 물살이 가는 잔디용 스프링클러나 분무 호스로 땅이 충분히 젖을 때까지 물을 준다.

초화류 심기

● 초화류의 검수

① 식물의 줄기가 골고루 퍼져 발육상태가 양호하고 병충해가 없어야 한다.

② 뿌리발달이 충실하고 뿌리분 상태가 양호하여야 한다.

③ 굴취한 지 오래되어 시들지 않은 것이어야 한다.

● 초화류 식재

① 초화류의 생육차이에 따라 식재간격을 조정하되 일반적으로 15cm(49본/m²) 간격을 유지한다.

② 삽이나 호미를 이용하여 흙을 뒤집고 유기질 비료를 고루 섞은 후 갈퀴를 이용하여 고르면서 돌이나 식물 생육에 해로운 불순물을 제거하고 바닥을 부드럽게 고른다.

③ 식재하려는 곳에 초화류의 뿌리분보다 크게 흙을 파낸 후 뿌리가 상하지 않도록 근원부를 잡고 약간 들어올려 흙이 뿌리 사이에 빈틈없이 채워지도록 한다. 포트식물은 식재시 포트의 토양과 함께 식재하며 식재 후 뿌리 주변의 흙을 가볍게 눌러주어 건조를 예방한다.

④ 초화류 주변을 조금 낮게 하여 물받이를 만들고 충분히 관수를 한 다음 물이 완전히 스며들면 뿌리와 흙에 공극이 생기지 않도록 가볍게 눌러준다.

⑤ 재차 초화류 군식지 내 쓰레기나 돌을 제거하고 필요하다면 수분증발을 방지하고 잡초의 생육을 방지하기 위하여 피트모스와 나무껍질 등으로 멀칭을 하면 좋다.

☞ 주의사항

① 외기온도가 높아 수분증발과 증산이 왕성할 경우 임시로 해가림을 실시한다.

② 식재지 경계표시를 하여 사람들에 의한 피해가 발생하지 않도록 한다.

모종이나 초화류 식재를 위한 준비 및 관리

- 잡초를 제거하지 않고 땅을 파서 뒤집으면 잡초를 제거하는 데 많은 시간이 걸리므로 땅을 파기 전에 호미로 잡초를 제거한다.
- 새로 심은 모종과 초화류는 자주 관수를 해주어야 하므로 토양의 수분상태를 점검하여 표면에서 2~5cm가 건조하다면 충분히 물을 준다.
- 모종과 초화류를 심은 후 약 1개월이 지난 후 꽃이 피기 직전까지 생장을 돕기 위하여 비료를 준다.
- 서늘하고 차양이 쳐진 곳에 있었던 모종과 초화류를 갑자기 뜨거운 햇빛 아래 두게 되면 피해를 입게 되므로 차양이나 그늘막 등으로 그늘이 드리워지도록 해가림을 하여 적응시킨다.

지지대의 설치

관목이나 키 큰 초화류는 바람이 불거나 하면 가지의 무게 때문에 쓰러져 자주 해를 입는다. 뿌리가 흔들리면 식물의 생육에 심각한 문제를 야기시키고 보기에도 좋지 않으므로 미리 지지대를 설치해서 이러한 문제를 미연에 방지해야 한다.

재료

대나무, 나무 말뚝, 플라스틱 말뚝, 철제 말뚝, 끈, 철사, 망치

● 지지대의 설치

① 식물의 종류에 따라 설치하고자 하는 지지대의 형태를 결정한다.

② 지지대를 땅에 박아 고정시킨다.

③ 식물의 주간을 지지대에 묶어서 연결한다.

● 원통형 철망 설치

① 토마토, 오이 등 덩굴식물이 잘 자라서 열매를 맺게 하려면 식물을 가운데에 두고 둘레에 원통형 철망을 설치한다.

② 철망 옆에 말뚝을 박고 철망을 고정한다.

③ 식물이 자라면서 덩굴이 철망과 잘 얽히도록 유도한다.

☞ 주의사항

① 지지대와 식물을 너무 단단하게 고정하면 식물이 잘 자라지 못하므로 약간 느슨하게 고정해야 한다.

② 지지대는 튼튼하게 고정되도록 설치하고 주기적으로 점검하여 비바람에 흔들리거나 넘어지지 않도록 한다.

원통형 철망 지지대

꽃대가 긴 식물

꽃대를 지지할 수 있는 긴 지지대로 고정하여 꽃대가 꺾이지 않게 한다.

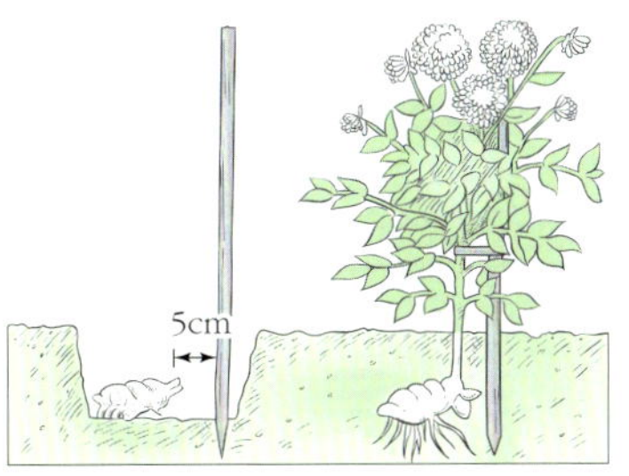

달리아

알뿌리에서 5cm 정도 떨어뜨려 지지대를 설치하고, 자라면 일정한 간격으로 줄기를 묶어준다.

약한 가지

지지대를 세우고 줄기를 8자형으로 매듭을 지어 묶는다.

덤불식물

가운데에 튼튼하게 지주를 세우고 줄기를 묶는다.

퍼지는 식물

사방에 말뚝을 박고 끈으로 둘러싸서 식물의 줄기가 끈에 걸치게 한다.

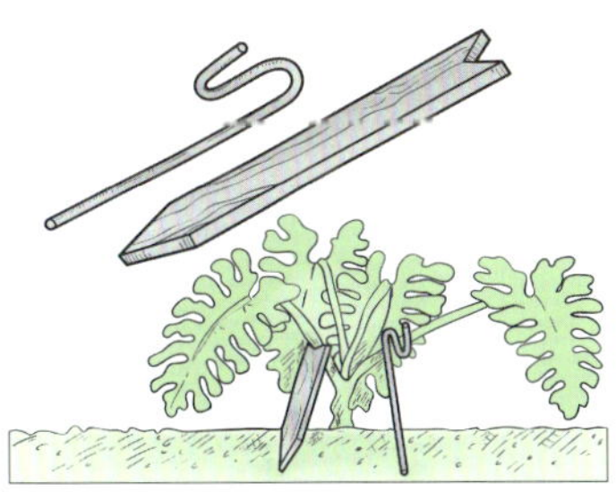

왜생식물

가지를 받치기 위해 V자형 홈이 있는 말뚝을 박거나 S자형 철사로 받친다.

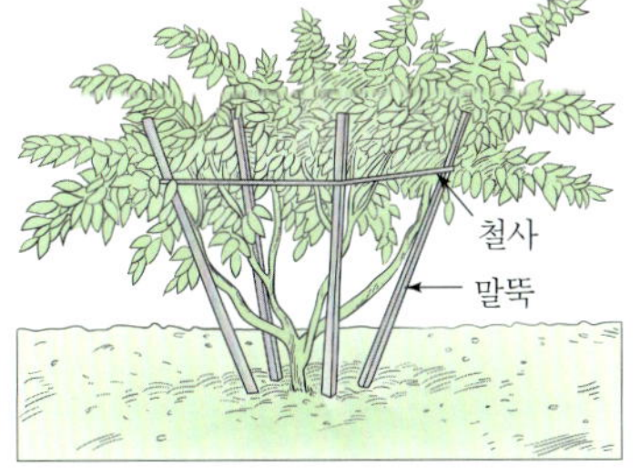

다지형 관목

나무 말뚝을 사방으로 박고 철사를 두른 후 줄기를 묶는다.

지지대의 설치

토양 침식 방지 네트의 설치

정원을 만들다 보면 불가피하게 경사면이 발생하게 된다. 경사면에서는 비가 오면 토양이 침식되거나 식물의 생육환경이 불안정해지는 경우가 있다. 이를 방지하기 위해 경사면의 토양과 식물을 보호해 주는 조치를 강구해야 한다.

경사면을 보호하기 위한 방법으로 구조공법이나 녹화공법 등 다양하지만, 정원에 쉽게 할 수 있는 방법으로는 비탈면 녹화공법의 하나인 코코넛 섬유나 황마를 사용한 네트 공법이 있다. 어느 공법을 사용하든 비탈면의 배수를 처리하기 위한 조치가 필요하다.

도구

망치

재료

황마 네트, 코코넛 섬유 네트, 네트 고정핀

● 네트 설치

① 네트를 설치할 지면을 고르고 잔돌을 제거하고 필요하다면 식물의 생육에 도움이 되는 흙이나 거름을 뿌린다.

② 네트는 위에서부터 아래로 지형을 고려해 설치하면서 좌우 10~20cm씩 겹치게 한 후 고정핀으로 네트를 고정한다.

네트의 설치

● 모종 심기

① 설치된 네트 위에 모종삽으로 구멍을 파고 모종을 식재한다. 이때 모종을 어긋나게 심으면 빗물로 인한 토양의 침식을 완화할 수 있다.

② 심은 식물마다 낮은 쪽에 흙으로 작은 물받이를 만들어 물의 유출을 방지하고 식물이 쉽게 수분을 흡수할 수 있게 한다.

주의사항

① 네트는 설치 후 움직이지 않도록 바닥에 밀착시켜 고정한다.

② 네트 위로 종자를 파종할 경우 종자파종의 설명을 참조한다.

알뿌리 식물의 식재와 분식

알뿌리는 잎·줄기·뿌리 등이 양분을 저장하기 위해 특별히 비대해져 마치 뿌리부의 조직처럼 보이는 형태로, 발달된 뿌리의 한 기관으로 다음과 같이 나눌 수 있다.

① 비늘줄기[鱗莖] : 잎의 기부가 변형 비대하여 층상層狀의 비늘조각을 이루어 짧은 땅속줄기에 붙어 있는 것(백합 · 튤립 · 수선화 · 아마릴리스 등)

② 알줄기[球莖] : 땅속줄기가 구상으로 비대한 것(글라디올러스 · 프리지아 등)

③ 덩이줄기[塊莖] : 땅속줄기가 비대하여 괴상이 된 것(시클라멘 · 구근베고니아 · 아네모네 등)

④ 뿌리줄기[根莖] : 땅속을 수평으로 뻗어 있는 땅속줄기가 비대한 것(홍초 · 진저 · 아이리스 등)

⑤ 덩이뿌리[塊根] : 뿌리의 일부가 비대되었다고 생각되는 것(달리아 · 작약 등)

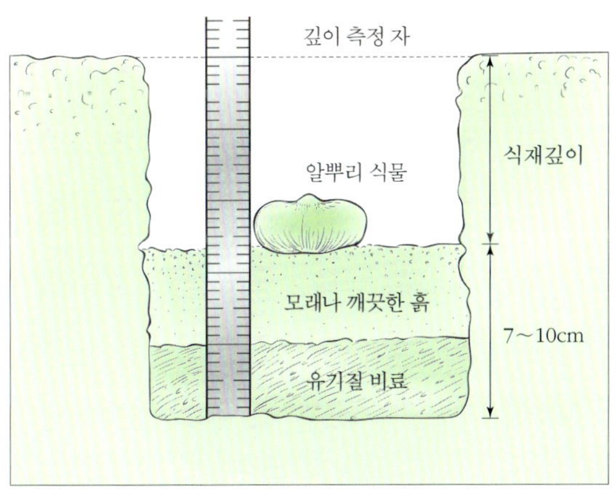

알뿌리 식물 식재

알뿌리는 보통 이른 봄부터 5월 이내와 휴면기(10월~2월)에 식재하는 것이 좋은데, 달리아, 칸나, 글라디올러스, 아마릴리스, 구근베고니아는 봄에 심고, 봄에 꽃이 피는 튤립, 히아신스, 수선화, 크로커스, 아네모네, 백합, 구근아이리스는 가을에 심는다.

도구

모종삽, 삽, 깊이 측정 자

재료

유기질 비료(부식토, 계분), 모래, 알뿌리

● 알뿌리 식물 식재

① 알뿌리 식물은 보통 5~7cm나 알뿌리 최대 직경의 2~3배 정도의 깊이로 심으며 토양이 단단하면 깊이를 얕게 해도 좋다. 만약 밑에 유기질비료와 모래를 더 넣는다면 식재할 깊이보다 7~10cm 정도 더 깊게 판다.

② 구멍에 알뿌리를 놓고 눈이 위로 향하게 한 후, 자로 깊이를 확인하고 적정한 식재깊이에 알뿌리를 놓고 자를 빼낸 후 흙을 채운다.

● 알뿌리 식물 분식

① 수선화 : 알뿌리는 꽃이 지고 잎이 시들어 마른 후에 파내야 한다. 알뿌리는 원래 뿌리의 둘레에 새끼

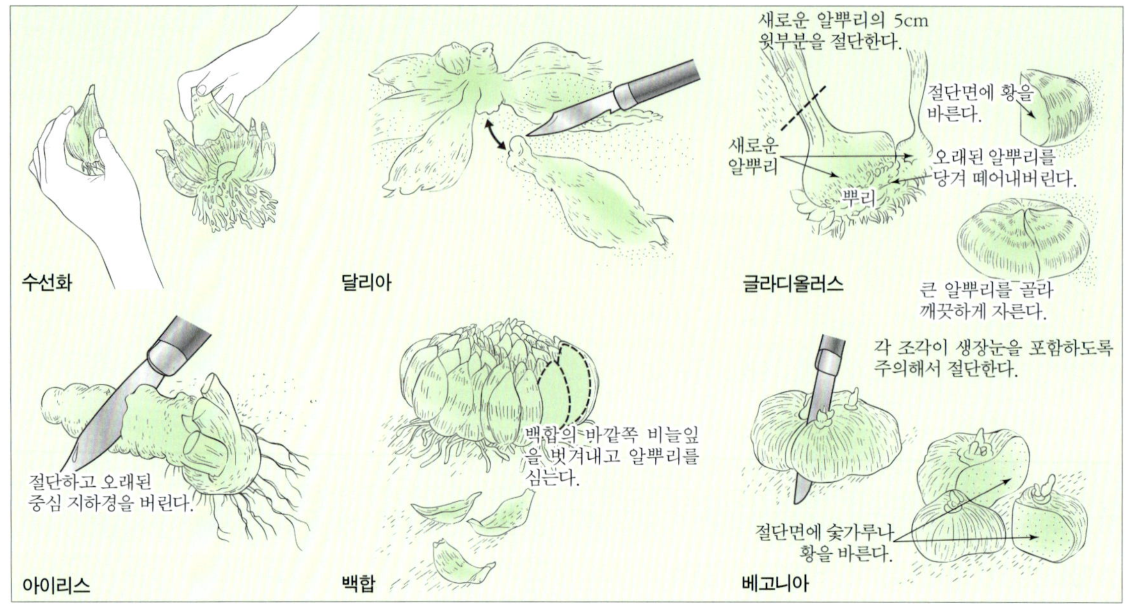

알뿌리 식물 분식

알뿌리 형태로 둘러싸여 있는데, 새끼 알뿌리를 떼어 낸 후 이것을 심는다.

② 달리아 : 이른 겨울 서리가 내리고 달리아의 잎이 시들어 갈색이 되면 땅을 파고 알뿌리를 채취해서 차고 건조한 곳에 보관한다. 이것을 이듬해 봄에 식재하는데 알뿌리를 예리한 칼로 절단하고, 이때 분리된 알뿌리에는 싹이 포함되도록 해야 한다.

③ 글라디올러스 : 꽃이 지고 난 후 잎이 갈색으로 변한 가을에 알뿌리를 채취하여 겨울 동안 보관한다. 봄에 알뿌리가 2개인 경우에는 분리하고 큰 알뿌리는 2~3개로 나누어 식재한다.

④ 아이리스 : 3년 정도 되면 무성해지므로 늦여름이나 초가을에 땅을 파서 뿌리를 파낸 후 예리한 칼로 새로운 지하경을 잘라낸 다음에 다시 식재한다.

⑤ 백합 : 무성해지면 캐내어 오래된 뿌리를 제거하고 큰 알뿌리에서 분리해 얻은 작은 알뿌리를 다시 식재한다. 이때 뿌리를 잘 보존하고 습기가 유지되도록 하며, 가능하다면 파낸 후 바로 식재하는 것이 좋다.

⑥ 베고니아 : 가을에 채취한 베고니아 알뿌리에 새로운 싹이 처음 나타나면 생장눈을 중심으로 하여 알뿌리를 절단한다. 절단면에는 숯가루나 황을 바르고 차갑고 건조한 곳에서 3~4일 정도 말린 후 식재한다.

☞ 주의사항

① 알뿌리 식물은 종류별로 생육에 적합한 식재 깊이와 간격을 지켜 발아와 생장이 원활하게 이루어지도록 하고 같은 종류의 알뿌리 식물은 동일한 깊이로 식재하여 개화시기를 일치시킨다.

② 알뿌리를 보관할 때는 그늘지고 신선하며 습하지 않은 곳에 양파망과 같은 통기가 잘되는 것에 넣어서 보관한다.

③ 부식토, 계분 등 유기질 비료는 충분히 숙성된 것을 사용하고 알뿌리와 직접 접촉하지 않도록 해야 한다.

관목식재 및 관리

수목은 수종 고유의 수형이나 생장 가능한 높이에 따라 관목과 교목으로 구분한다. 일반적으로 관목은 성목일 때 높이가 3m보다 작은 것을 말하는데, 곧은 뿌리가 없고, 줄기는 뿌리 가까이 또는 땅속에서 여러 갈래로 갈라지거나 중심줄기가 땅 위를 기는 듯한 수형을 나타낸다. 관목의 이러한 특성을 잘 살려 전정작업을 하면 형태나 질감에 변화를 줄 수 있다.

관목의 식재 패턴

관목은 대부분 군식으로 식재하는 경우가 많다. 관목이 성장한 후에도 적정한 간격을 유지할 수 있도록 식재하는 것이 좋지만, 조기에 식재 효과를 얻으려면 간격을 다소 가깝게 하여 심을 수 있다. 그러나 밀식으로 인한 피해를 방지하기 위해 나중에 관목을 솎아주어야 한다. 식재 패턴은 정형식 패턴과 자유식 패턴으로 구분된다. 정형식 패턴은 식재 패턴에 일정한 형식을 주어 균형감이나 통일감을 얻을 수 있으며, 자유식 패턴은 군식의 경계를 자유로운 곡선으로 하되 앞쪽에는 낮은 것을 심고 뒤쪽으로 갈수록 차츰 높은 나무를 식재하는 형식이다. 관목의 종류에 따른 식재간격은 다음의 기준을 적용하면 좋다.

관목식재 주 수

수관폭	0.3m	0.4m	0.5m	0.6m	비고
1m²당 식재 수	16주	9주	6주	4주	군식
1m당 1열 식재 수	4주	3주	2.4주	2주	열식

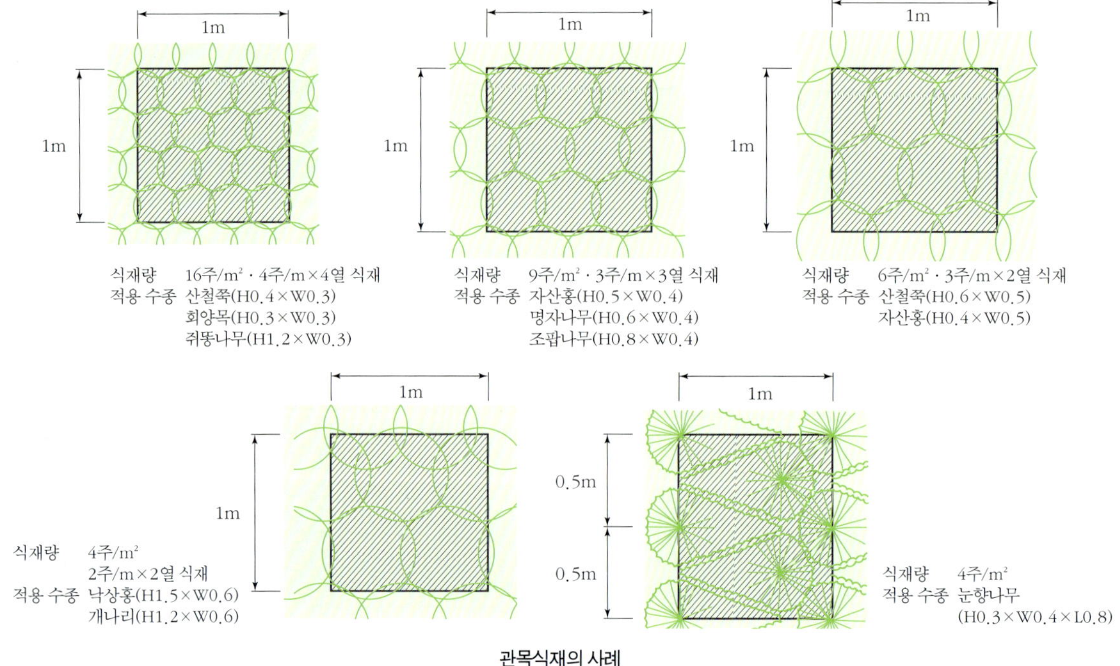

관목식재의 사례

관목의 선정

관목 선정

수목이 잘 자라기 위해서는 적합한 생육환경이 갖추어져야 한다. 그러므로 식재장소의 기후나 토양조건을 잘 고려해서 이에 적합한 수종을 결정해야 한다. 대부분의 관목은 나무시장이나 원예종묘상에서 구입할 수 있는데 뿌리분 상태, 거적으로 감싼 상태, 노출뿌리 상태로 유통된다.

생산과 유통의 표준화를 위하여 관목의 규격표시 기준을 만들어 사용하고 있는데 기본적으로 수고(H)×수관폭(W)으로 표시하지만 필요한 경우에는 근원직경, 가지수를 추가적으로 적용하는 경우도 있다.

수고(m)×수관폭(m) : 철쭉류, 명자나무, 나무수국, 무궁화, 불두화, 사철나무, 수수꽃다리, 자산홍, 조팝나무, 쥐똥나무

수고(m)×가지수 : 개나리, 고광나무, 광나무, 꽝꽝나무, 덩굴장미, 모란

수고(m)×수관폭(m)×길이 : 눈향나무

년생×가지수 : 장미

뿌리분 상태

거적으로 감싼 상태

관목의 굴취 및 식재

관목을 굴취하거나 식재하는 시기는 수종에 따라 조금씩 다르지만 원활한 활착을 위해서는 대부분 이른 봄 꽃이 피기 전이나 생장이 끝난 늦가을에 하는 것이 좋다.

도구

곡괭이, 삽, 쇠스랑, 전지가위

재료

거적, 자연산 거적, 끈

● **뿌리분 크기의 측정**

① 작업에 앞서 관목의 생육을 돕기 위해 가지를 정리하고 둥글게 감아 묶는다.

② 감싼 줄기부의 직경에 맞추어 삽으로 홈을 파서 원을 그린다. 이것이 나중에 만들 뿌리분의 크기이다. 원을 그리고 나서 다시 이 원의 20~30cm 바깥쪽으로 원을 하나 더 그린다.

③ 뿌리 부분의 크기에 따라 분의 크기가 결정되지만 관목은 비교적 크기가 작으므로 간단하게 뿌리분을 만들 수 있다.

● **뿌리분 파기**

① 캐낼 관목 주위에 흙을 담을 비닐이나 거적을 깐다.

② 2개의 원 사이로 관목의 주근이 있는 깊이까지 파내려 간다. 보통 30~50cm 정도의 깊이로 파낸 후 뿌리가 상하지 않게 주의하면서 뿌리분의 밑을 파낸다.

뿌리분 크기의 측정

뿌리분 파기

● 뿌리분 감기

① 뿌리분 직경의 약 3배 정도 되는 크기의 거적을 구덩이 옆에 놓는다.

② 뿌리분을 한쪽으로 밀어 기울인 후, 거적을 뿌리분 밑으로 절반 이상을 끼워 넣는다. 이때 보조작업자가 필요할 수 있다.

③ 다시 반대쪽으로 뿌리분을 밀고 거적을 당기면서 거적의 중앙이 뿌리분의 중심과 일치되게 깐다.

④ 거적의 끝단을 잡아 줄기 부위에서 엇갈리게 매어 뿌리분을 감는다.

● 나무 들어올리기

① 구덩이 옆에 비닐이나 거적을 놓고 나무를 들어 올린다.

② 거적 위에 나무를 올려 놓고 식재하려는 곳으로 옮긴다.

③ 나무를 파낸 구덩이 주변의 흙을 모아 채우고 모자라는 흙은 다른 곳에서 가져와 메운다. 이때 토양이 침하될 것을 예상하여 지표면보다 10～20cm 정도 높게 메운다.

거적 넣기

거적 깔기

뿌리분 감기

주의사항

① 관목식재는 교목식재의 과정과 방법에 따라 시행한다.

② 뿌리분을 감는 데 사용한 거적이나 부대를 식재 후 그대로 남기고자 한다면 토양에서 쉽게 썩을 수 있는 자연산 재료를 사용하는 것이 좋다.

③ 뿌리의 활착을 돕기 위해 관목을 지지하기 위한 지지대를 세우면 좋다.

콘테이너 관목의 식재

콘테이너에서 수목을 재배하면 생산과 유통의 효율성을 높일 수 있으며, 콘테이너 관목은 상대적으로 활착률이 높다.

도구

삽, 전정가위, 칼, 거적

재료

객토용 토양, 유기질 비료, 멀칭재, 나무껍질

● 콘테이너 제거와 뿌리 절단

① 콘테이너의 측면을 가볍게 쳐서 뿌리분을 헐겁게 한 다음 나무의 뿌리를 빼낸다.

② 뿌리가 분을 지나치게 감싸고 있는 경우에는 이것을 풀고 헝클어진 뿌리를 전정가위로 자른다.

③ 날카로운 칼로 뿌리분을 4~5개 방향에서 일정한 간격으로 3cm 정도의 길이로 자른다.

● 수목 앉히기

① 뿌리분보다 1.5배의 깊이와 폭으로 구덩이를 판다.

② 구덩이의 가운데에 흙을 넣고 뿌리를 올려 놓는다. 이때 수목을 심는 높이는 지표면과 같거나 약간 높게 해야 한다.

● 흙 채우기

① 나무를 수직으로 세우고 흙을 채워 넣는다.

② 흙을 부드럽게 넣으면서 손으로 다져 흙 속에 빈 공간이 없게 한다.

뿌리의 절단

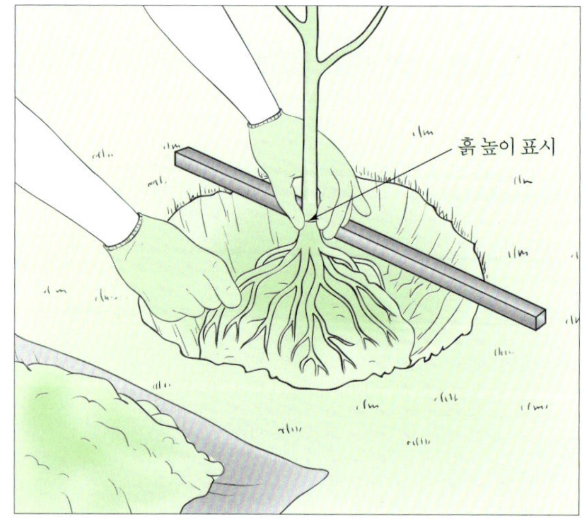

수목 앉히기

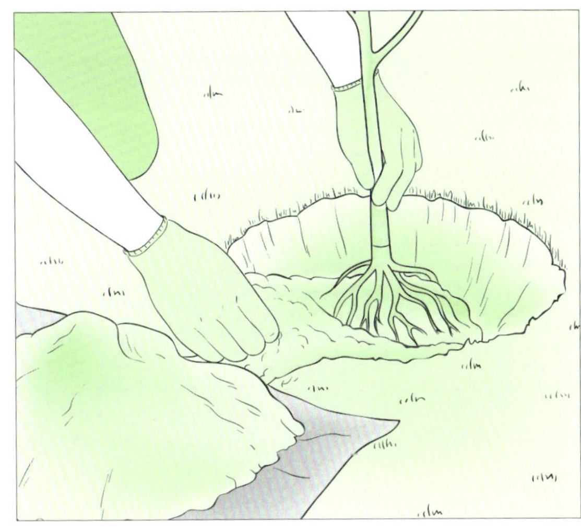

흙채우기

③ 흙을 2/3 정도 채웠을 때 남은 부분을 물로 채운다.

④ 물이 모두 스며들고 난 후 다시 흙을 지표면까지 채운다.

⑤ 심은 나무의 둘레에 높이 10cm 정도의 턱을 주어 물을 담을 수 있는 물집을 만든다.

⑥ 물집에 물을 담아 흙 속으로 스며들게 하고 나무껍질을 깔아두면 수분증발을 억제해서 뿌리의 활착에 도움이 된다.

☞ 주의사항

① 흙을 채운 후 물을 준 관목은 뿌리분이 흐트러져 있어 다시 옮겨 심기 어렵다.

② 뿌리분에 충격이 가해지면 관목의 활착에 지장을 줄 수 있으므로 주의해야 하며, 필요하다면 지지대를 설치해 주어야 한다.

콘테이너 식물의 옮겨심기

식물을 콘테이너에 심은 후 일정 시간이 지나면 뿌리가 가득 차게 되어 식물의 활력이 떨어지게 되며, 이로 인하여 생육이 불량해지게 되므로 식물을 보다 큰 콘테이너에 옮겨 심어야 한다. 옮겨 심은 새로운 토양에 뿌리가 새로 나오게 되면 식물은 전보다 훨씬 건강한 상태로 살아갈 수 있다.

① 작은 콘테이너에서 뿌리분을 빼낸 후 칼을 이용하여 뿌리분을 감싸고 있는 뿌리를 자른다.

② 심고자 하는 콘테이너의 하부의 배수구에 자갈이나 깨진 돌을 2~5cm 정도 깔고 여기에 깨끗한 토양을 얇게 깐 후 식물을 위치시킨다. 이때 뿌리분의 높이가 콘테이너의 외곽보다 5cm 정도 낮게 하는 것이 좋다.

③ 뿌리분 주위에 막대기를 이용하여 새로운 토양을 채우면서 식물의 위치를 재조정한다.

④ 새로운 토양과 뿌리분이 충분히 젖어 일체화하도록 콘테이너에 물을 3~4회 채워 서서히 빠지도록 한다. 이때 토양이 흘러내려 꺼지면 다시 충진한다.

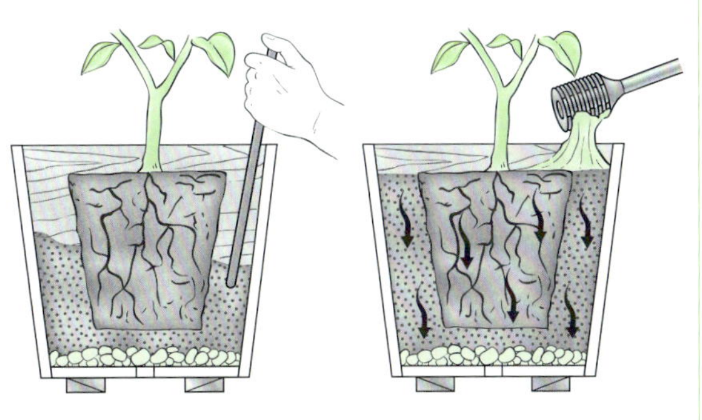

건강한 관목을 유지하기 위한 관리

관목이 건강한 상태를 유지하기 위해서는 흙 일구기, 물 주기, 뿌리 덮기 같은 작업을 규칙적으로 해야 한다. 이러한 작업들은 식물이 자라는 토양에 수분과 산소를 원활하게 공급해 준다.

도구

삽, 쇠스랑, 호스, 분무용 노즐

재료

나무껍질

● 흙 일구기

① 관목 아래의 흙을 일구면 잡초가 자라는 것을 막고 물을 쉽게 공급할 수 있다.

② 쇠스랑을 땅속으로 밀어넣고 지표면과 나란하게 앞뒤로 이동시켜 잡초를 제거한다. 만약 뿌리가 닿는다면 약간 높게 해서 뿌리가 손상되지 않게 한다.

③ 잡초를 제거한 다음 다시 쇠스랑으로 흙을 부드럽게 하면 물 주기와 멀칭이 쉽다.

● 물 주기

① 관목에 물을 주기 위해서는 분무용 노즐을 장착한 호스나 점적 관수를 위한 호스를 사용할 수 있다. 어떤 호스를 사용하든 땅속으로 수분이 충분히 스며들도록 물을 주어야 하지만 물을 너무 많이 줘서 땅이 질척이면 식물의 뿌리가 썩을 수 있으므로 물의 양을 적절히 조절해야 한다.

흙 일구기

멀칭(뿌리 덮기)

● 멀칭(뿌리 덮기)

① 1년에 두 번 정도 관목 둘레의 오래된 멀칭재를 없애고 새로운 것으로 바꿔준다. 이렇게 하면 멀칭재에 서식하고 있던 해충을 구제하고 미적 효과를 높일 수 있다.

② 봄에 나뭇조각이나 나무껍질 같은 멀칭재를 5cm 두께로 고르게 펴서 나무 둘레에 덮어준다.

주의사항

① 새로운 나무조각이나 나무껍질을 사용하면 토양 내의 소중한 양분인 질소를 용해시키는 부작용이 있으므로 멀칭할 때는 숙성된 멀칭재를 사용하는 것이 좋다.

② 멀칭재는 관목의 줄기와 닿지 않게 한다. 만약 줄기에 닿으면 곰팡이나 세균 등이 번식해서 뿌리나 줄기가 썩을 수 있다.

콘크리트 블록 옹벽 위 멀칭

식물 병의 예방과 치료

식물은 토양 및 기후환경, 수목의 생리상태, 병원체 등 여러 가지 요인에 의하여 병에 걸리므로 다음과 같은 적절한 예방 및 치료를 한다.

- 비료는 식물의 생육과 병의 발생에 관계가 깊으므로 적정량의 비료를 공급한다.
- 토양전염병은 일광이 부족하거나 토양습도가 부적당할 때 많이 발생하므로 배수나 통풍, 해가림이나 단수 등의 조치를 취해 적정의 빛과 수분이 공급될 수 있도록 하고 추가적으로 토양소독을 한다.
- 병든 잎 · 가지 · 묘목 등은 전염성 병원체의 서식처가 되므로 소각하거나 땅속에 묻도록 하여 병의 전염을 방지한다.
- 다른 곳에서 옮겨진 식물은 병원균(소나무 재선충, 잣나무 털녹병 등)을 전파시킬 수 있으므로 식물을 철저히 검사하고 필요하면 소독 · 멸균 등의 위생적인 조치를 취한다.
- 식물의 상처 부위에는 병균이 침투하여 병을 일으킬 수 있으므로 상처 부위나 접목 부위에 방부제나 접밀을 발라주어 병원균의 침해를 막는다.
- 병원균이 식물체에 침입하는 것을 방지하고 이미 서식하고 있는 병원균을 죽이기 위해 약제를 살포한다.

교목식재

정원을 만들기 위해서는 새로운 설계에 따라 기존에 자라고 있는 나무를 옮겨 심거나 새로 나무를 심어야 할 때가 있다. 일반적으로 크기가 작은 교목은 상대적으로 식재와 이식이 쉽지만 큰 교목의 경우에는 작업하기도 어렵고 나무가 죽기 쉬우므로 주의해야 한다.

식재 후 나무는 원래 생장하던 곳에서 이동하여 불가피하게 뿌리가 절단되거나 불안정한 상태로 대기 중에 노출되고 새롭게 바뀐 환경에 적응해야 하므로 세심한 주의와 관리가 요구된다.

교목식재 준비

교목식재 시기

교목은 가능한 한 수목이 활착하기 좋은 시기에 식재해야 한다. 식재 적기는 지역에 따라 다소 차이가 있으나 중부지방에서 낙엽수는 새잎이 나기 전인 3월 초순~4월 초순과 9월 하순~11월까지가 좋으며, 상록수는 새로운 눈이 움직이기 시작하는 4월 상·중순이 좋다.

봄에 교목을 식재하면 발근과 발아·생육을 할 때 뿌리의 활력이 강하기 때문에 곧 생장을 시작하고 가뭄피해나 추위로 인한 피해의 위험이 적어 좋으나 식재 시기가 늦어지면 이미 나무가 발육을 시작해 고사하기 쉽다.

한편 가을에 교목을 식재하면 뿌리의 생장은 늦지만 주위의 흙과 뿌리가 완전히 결합하여 이듬해 빨리 수목이 자라는 장점이 있는 반면에, 내한성이 약한 수종은 겨울에 동해를 입기 쉬우며, 낙엽이 진 후 잎이 재발아하여 고사할 수 있다.

지역별 식재적기

구 분	춘 기	추 기
중북부산악지역	3월 25일~5월 31일	9월 15일~11월 20일
중부지역	3월 15일~5월 25일	9월 26일~11월 30일
남부지역	3월 5일~5월 20일	10월 1일~12월 10일
남해안지역	2월 20일~5월 15일	10월 10일~12월 20일
제주지역	2월 10일~5월 10일	10월 20일~1월 10일

만약 불가피하게 식재 부적기인 하절기(5~9월)와 동절기(12~2월)에 식재할 때는 고사와 동해를 방지할 수 있게 사전조치를 취해야 하며, 반드시 조경가에게 자문을 얻도록 한다.

수목의 선택

수목을 구입할 때는 고유한 수형으로 바르게 자란 나무로서 가지와 나무껍질이 손상되지 않고 수목의 활력이 높으며 병충해에 감염되지 않은 것이 좋다. 또한 뿌리돌림한 수목으로 뿌리분이 깨지지 않고 주근이 심하게 절단되지 않은 것이 좋다. 마대에 담긴 것도 분이 견고하고 형태가 올바르게 유지되어 있는 것이 좋으며, 콘테이너에서 재배된 수목은 뿌리가 과다하게 성장한 것은 좋지 않다.

뿌리돌림

뿌리돌림은 잔뿌리가 많지 않은 수목에 새로운 잔뿌리 발생을 촉진시켜 수목의 활력을 높이고 이식 후 활착률을 높이기 위한 방법이다. 보통 근원경이 10cm 미만인 수목은 뿌리돌림을 하지 않지만 노거목, 뿌리의 발육이 불량한 나무, 보호수목, 쇠약해진 나무, 이식하기 어려운 나무 등은 뿌리돌림을 하여 잔뿌리를 발달시킨 후 옮기는 것이 좋다.

뿌리돌림은 이식하기 전 적어도 6개월~3년 정도의 시간에 걸쳐 하는 것이 바람직하다. 뿌리돌림의 시기는 상록수는 수목의 활력이 높은 여름철, 침엽수와 낙엽활엽수는 가을부터 초봄까지가 좋은데 보통 땅이 풀린 직후부터 4월 상순까지 많이 시행한다.

뿌리돌림에는 나무 주위를 도랑의 형태로 파내려가 노출되는 뿌리를 절단한 다음 흙을 다시 덮어 잔뿌리가 나게 하는 방법과, 표층토를 약간 긁어낸 다음 뿌리가 노출되면 삽이나 낫, 톱, 전정가위 등을 땅속에 넣어 곁뿌리를 잘라 뿌리가 나게 하는 간단한 방법이 있다. 큰 나무의 경우 원뿌리를 15cm 정도의 길이로 환상박피環狀剝皮하고 다시 파올렸던 흙을 덮어준다. 이때 흙에 약간의 거름이나 부엽토를 섞어주면 잔뿌리가 잘 발생한다.

주의사항

① 쇠약한 나무의 뿌리를 단번에 모두 잘라버리면 나무가 죽어버리는 수가 있으므로 2년 동안에 걸쳐 나누어 실시해야 한다.

② 뿌리돌림을 하면 뿌리가 많이 절단되어 수분을 잘 흡수하지 못하므로 위쪽 가지를 전정하여 뿌리와 균형을 이루게 해야 한다.

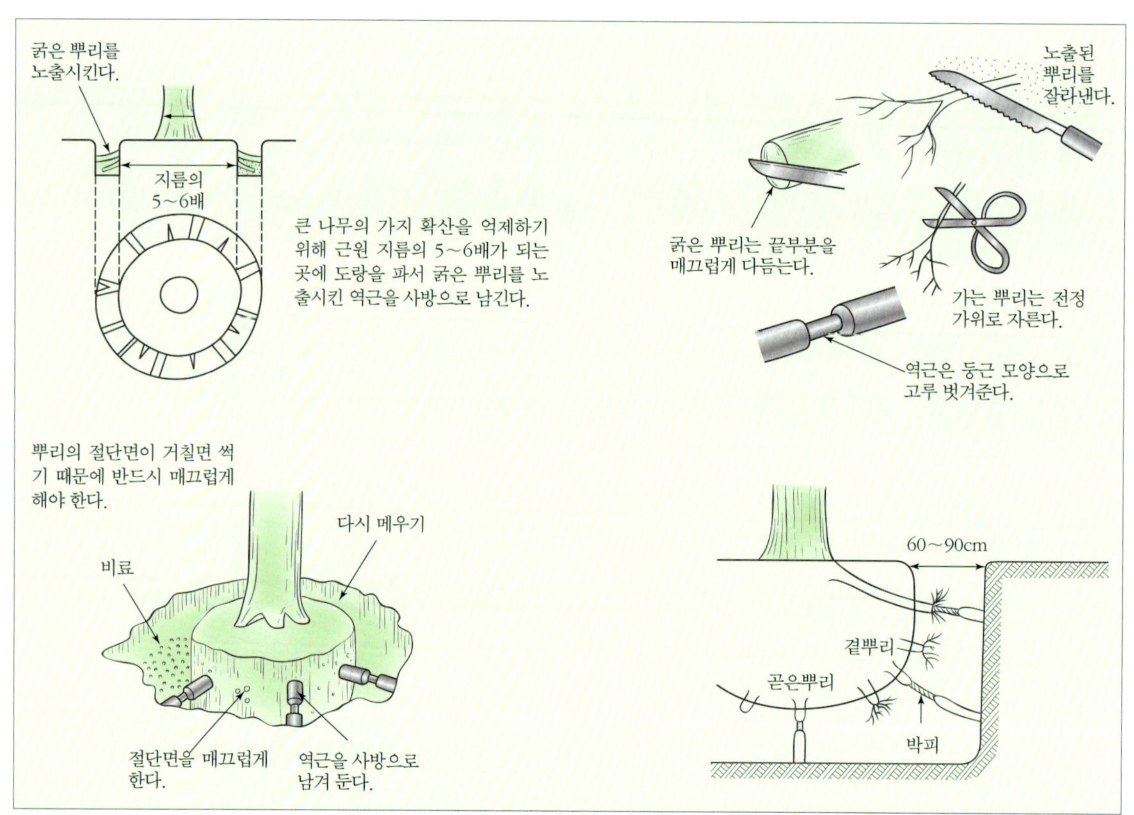

뿌리돌림 방법

교목의 굴취

교목 굴취는 정원 내에서 나무를 옮겨 심을 때 필요하다. 수목의 활착에 큰 영향을 주는 굴취를 할 때 묘목이나 어린 나무는 비교적 쉽게 이식할 수 있으나, 어느 정도 성장한 나무나 뿌리가 내리기 어려운 나무를 굴취하기 위해서는 사전에 면밀한 준비를 해야 한다.

뿌리분의 크기

뿌리분의 크기는 수목의 종류에 따라 다르지만 보통 근원 지름(R)의 3~5배를 기준으로 하며, 분의 깊이는 잔뿌리의 밀도가 현저히 감소되는 부위로 분 너비(A)의 1/2 이상이어야 한다. 뿌리분의 모양은 원형으로 하고 측면은 수직으로, 밑면은 둥글게 다듬는다. 이때 뿌리가 깊게 자라는 심근성 수종은 조개분, 뿌리가 얕게 자라는 천근성 수종은 접시분, 일반적인 수종은 보통분으로 파 올린다.

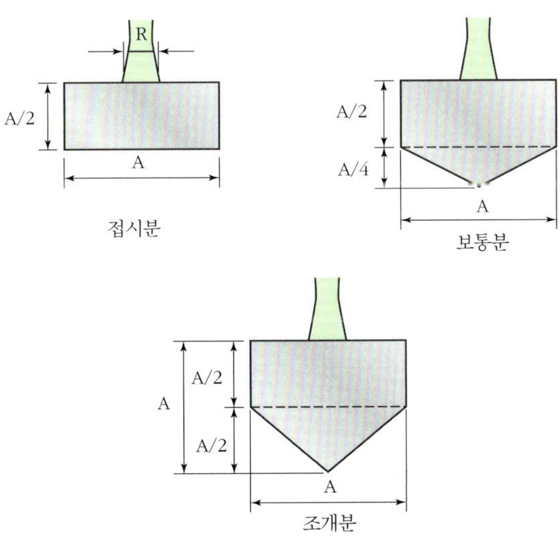

뿌리분의 형태

도구

곡괭이, 삽, 쇠스랑, 전정가위

재료

녹화마대, 거적, 새끼줄, 멀칭재

뿌리분 표시

● 뿌리분 뜨기

① 뿌리분 표면의 잡초나 지피류를 제거하고 작업하기 쉽도록 아래쪽 가지를 끈으로 묶거나 자른다.

② 근원 지름의 3~5배를 기준으로 하여 뿌리분을 원으로 표시하고 예리한 삽날이나 톱, 전정가위로 뿌리를 매끈하게 잘라내면서 도랑 모양으로 파내려간다.

③ 파는 깊이는 수종이나 나무가 서 있는 장소에 따라 다르지만 일반적으로 보통분의 규격인 그려놓은 원 지름의 3/4 정도면 충분하다.

뿌리분 뜨기

● 뿌리분 감기

① 계속해서 곁뿌리를 잘라내며 파내려가서 뿌리분이 완전히 흙과 분리되면 흙이 무너지지 않도록 새끼줄이나 녹화마대로 뿌리분을 단단히 감아준다.

② 만약 흙과 뿌리가 긴밀히 얽혀 있어 부서질 염려가 없을 경우에는 뿌리분을 지표면으로 들어올려 거적

뿌리분 감기

위에 놓은 상태에서 녹화마대와 새끼줄로 감는다.

③ 새끼줄은 뿌리분을 기울이면서 여러 방향으로 이중으로 감는다.

● 가지 정리

① 나무의 원래 모양을 훼손하지 않는 범위 내에서 가지와 잎을 전정하여 증산을 억제하고 운반하기 쉽게 한다.

② 일반적으로 뿌리의 절단 정도에 따라 전정을 하는데 뿌리를 많이 잘라냈으면 전정도 많이 해서 균형을 이룬다.

③ 운반하기 쉽도록 가지를 새끼줄이나 밧줄로 잡아맨다.

● 가식과 현장정리

① 굴취한 수목은 이식하려는 곳으로 옮겨 바로 식재하는 것이 원칙이지만 불가피한 경우에는 바람이 불

멀칭재 덮어주기

지 않는 그늘진 곳에 두고 뿌리분을 멀칭재나 거적으로 덮어 수분의 증발을 방지해야 한다.

② 나무를 캐낸 곳은 주변의 흙을 모아 구덩이에 채우고 모자라면 정원에 적합한 흙을 구해서 채운다. 이때 흙이 내려앉을 것을 고려하여 10~20cm 정도 더 높게 채운다.

☞ 주의사항

① 장갑과 허리보호대를 착용하여 나무를 옮길 때 안전사고를 방지한다.

② 굴취 도중 충격으로 인해 뿌리분이 깨지지 않도록 주의한다.

③ 굴취한 수목은 될 수 있으면 당일 식재하도록 한다.

수목 운반

수목을 굴취해서 새끼줄로 감고 나면 목적지까지 운반해야 한다. 대형목을 사람이 직접 운반할 때는 체인블록이나 크레인 등의 중기를 사용해서 안전하게 다루어야 하며, 뿌리와 나무의 모양이 손상되지 않도록 보호조치를 취해야 한다. 여기서는 정원을 만들기 위해서 필요한 근거리 인력 운반에 대해 살펴보겠다.

준비사항

① 운반 전 뿌리의 절단면은 예리한 칼로 다듬어 잔뿌리가 날 수 있게 하며, 절단면이 넓을 때는 콜타르 등을 발라 마르지 않게 한다.

② 뿌리분까지 합쳐서 30~40kg 정도 이상은 두 사람이 뿌리분을 맞들고 한 사람은 줄기를 들어 운반해야 하며, 이보다 무거운 것은 기계나 장비를 이용해서 운반해야 한다.

③ 굴취에서 식재에 이르는 시간은 짧을수록 좋으며, 바로 식재할 수 없을 때는 직사광선이 닿지 않는 서늘한 곳에 옮겨 놓고 뿌리분을 젖은 거적 등으로 덮어 마르지 않게 한다.

도구

목도, 톱, 삽

재료

거적이나 마대

● 손으로 들기

뿌리분까지 합친 수목의 무게가 30~40kg보다 가벼우면 직접 나무를 손으로 들어 운반할 수 있다.

① 어떤 자세든 허리에 많은 부담을 주게 되므로 작업 전에 허리를 가볍게 풀어야 한다.

② 구부린 자세에서 양손으로 뿌리분의 아래를 받치고 들어올리거나 한 손으로는 근원부를, 다른 손으로는 가지 부분을 잡고 운반한다.

③ 수목을 식재할 곳으로 옮긴 후에는 가볍게 내려놓아 뿌리분이 충격을 받지 않게 한다.

● 목도 운반

뿌리분이 크고 이동하는 위치가 비교적 가까울 경우 수간이나 뿌리분을 밧줄 등으로 걸어 사람 어깨에 짊어지고 운반하는 방법이다.

① 옮길 수목의 무게중심에서 조금 무거운 쪽에 밧줄을 걸고 어깨에 멜 목도와 단단히 연결한다.

② 옮길 사람의 수에 따라 2인용, 4인용, 6인용, 8인용 등으로 목도 수를 늘릴 수 있다.

③ 운반 중 나무가 흔들리는 것을 막고 쉽게 방향을 바꿀 수 있도록 나무 끝부분에 사람을 배치하여 방향을

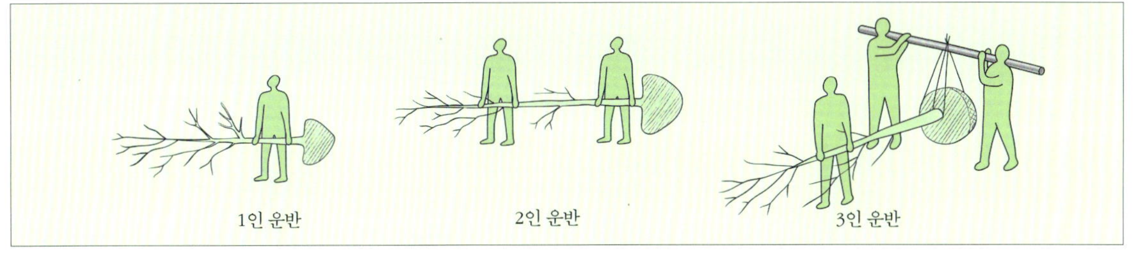

사람수에 따른 나무 운반법

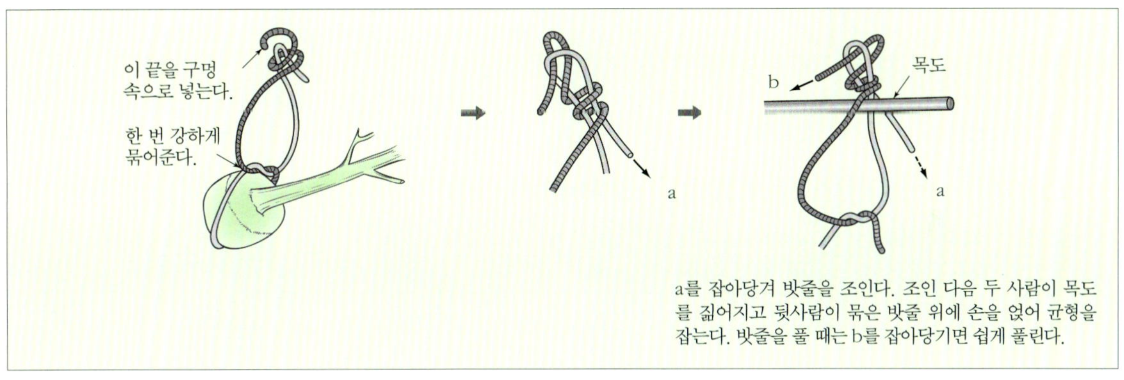

간단한 밧줄 거는 방법

조정하도록 하면 좋다.

④ 목도를 들거나 이동할 때에는 작업자 중 한 사람이 힘이 골고루 분배되도록 지시한다.

⑤ 이동 중에는 보폭과 속도를 맞춰서 작업의 효율을 높여야 한다.

⑥ 목표지점에 도달하면 자세를 천천히 낮추어 뿌리분이 지표면에 닿게 하여 안전하게 내려놓은 후 목도를 풀어 운반작업을 끝낸다.

● 끌기

수목을 서 있거나 눕힌 상태에서 식재할 곳까지 끌어서 옮기는 방법으로 안전하고 이식 후 활착률도 높다. 그러나 끄는 과정에서 주변의 잔디밭이나 포장에 피해를 줄 수 있으므로 주의한다.

① 뿌리분을 분 크기의 3~5배 정도 되는 거적이나 마대 위의 가운데에 올려놓는다.

② 진행방향 쪽 마대의 양 끝단을 잡고 힘의 합력을 적절히 고려하여 앞으로 일정한 힘을 주면서 끌어당겨 운반한다. 이때 한 사람은 나무의 가지를 잡아주는 것이 좋다.

③ 목표지점에 도달하면 거적이나 마대를 빼낸다.

주의사항

① 나무를 옮길 때 장갑과 허리보호대를 착용하여 안전사고를 방지한다.

② 운반과정에서 뿌리분이 깨지지 않도록 주의한다.

교목식재

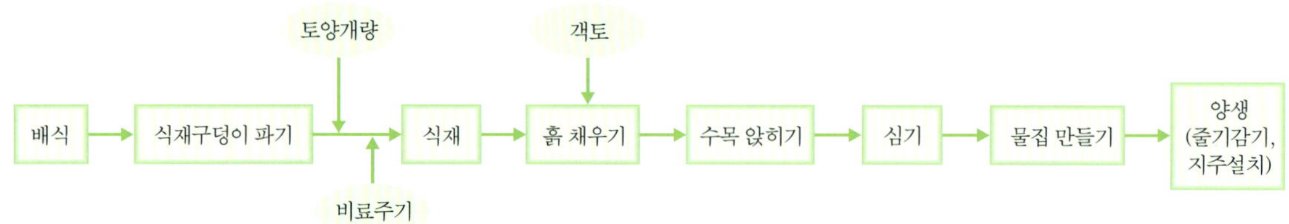

식재작업의 순서

일반적으로 교목식재는 관목식재 전에 이루어지는데 정원을 만들 때 시각적으로나 공간적으로 중요하므로 주어진 설계도면을 토대로 수목의 형태를 고려하여 식재한다.

도구

곡괭이, 삽, 쇠스랑, 전정가위

재료

객토용 토양, 유기질 비료, 나무껍질, 마대나 거적

● 수목의 배식

① 수목의 식재간격은 수목의 생장속도를 감안하여 결정하며 보통 3.0~4.5m 이상을 유지하도록 하고 속성수는 이보다 더욱 간격을 넓게 한다.

② 건물에 가깝거나 지하에 설치되는 시설 위에는 수목을 심지 않도록 한다.

구덩이 파기

● 식재구덩이 파기

① 나무를 심을 곳에 뿌리분의 1.5배 크기로 구덩이를 판다. 이때 식재구덩이의 깊이는 뿌리분의 크기, 구덩이 바닥에 깔게 되는 흙, 퇴비 등의 높이를 고려하여 결정해야 한다.

② 구덩이를 파면서 나온 흙은 표층토와 심층토로 나누어 구덩이 옆의 거적 위에 쌓아둔다.

③ 구덩이의 바닥면은 수목의 방향과 경사도를 쉽게 조절할 수 있도록 가운데를 약간 높인다.

● 식재용 토양의 준비

① 식재할 곳의 흙이 나무의 생육에 적합하다면 그대로 사용하고, 수목의 생육을 증진시키기 위해 지효성 유기질 비료를 혼합하여 사용할 수 있다. 이때 비료 성분이 뿌리에 직접 닿지 않도록 중간에 흙을 깔아준다.

② 만약 토양이 식재하기에 부적합하다면 치환해야 한다. 이때 사용하는 객토용 흙은 부식질이 풍부한 사양토를 사용한다.

식재용 토양 준비

● 흙 채우기

① 식재용 흙이 준비되었으면 구덩이를 채우고 발로 다진다. 이러한 과정을 되풀이하여 뿌리분의 높이만

흙 채우고 발로 다지기

큼 흙을 채운다.

② 흙 채우기는 지형조건에 따라 높이거나 낮추도록 조정해야 한다. 지하수위가 높은 곳이나 물이 고이기 쉬운 곳에는 상대적으로 높게 심고 토양이 건조한 곳에는 낮게 심어야 한다.

● 수목 앉히기

① 나무를 구덩이에 앉히고 나무의 모양과 주변 경관

나무 앉히기

을 고려하여 방향을 정하고 수직으로 세운다.

② 뿌리분 주위에 흙을 채우면서 방향을 조정하여 구덩이의 2/3 정도 높이까지 채운다.

● 심기

① 나무를 앉힌 다음 물을 부으면서 물조임을 한다. 흙을 채워 진흙처럼 만들고 뿌리 사이에 흙이 잘 밀착되도록 막대기나 삽 등으로 다져 흙 속의 공극을 제거한다.

② 뿌리분을 감은 새끼줄은 그대로 묻어도 된다. 하지만 가마니, 거적, 고무 등으로 뿌리분을 감쌌다면 나무를 구덩이 속에 앉히고 방향을 정한 다음, 뿌리분이 깨지지 않도록 조심하면서 제거해야 한다.

● 물집 만들기

① 수관부 주위에 높이 10cm 정도의 물집을 만들어 물을 담을 수 있게 한다.

② 물을 담아 흙 속으로 스며들게 한다.

③ 활착에 충분한 수분이 보유될 수 있도록 물집에 5cm 두께로 나무껍질 등을 깔아준다.

물집 만들기

주의사항

① 식재한 수목을 다시 옮기면 뿌리분이 망가지고 수목의 생육에 심한 피해를 주게 되므로 식재할 때는 나무의 모양을 고려하여 수목의 위치, 방향 등을 신중히 결정해야 한다.

② 뿌리분을 감았던 고무줄이나 합성수지 마대를 흙 속에 방치할 경우 썩지 않아 수목의 생육을 방해하므로 반드시 제거해야 한다.

③ 식재 전 도시가스, 급수시설, 배수시설 등의 매설위치 및 깊이를 파악하고 이곳에는 나무를 심지 않도록 한다.

수목고사의 원인

- 이식시기가 부적절한 경우와 토양의 오염 또는 배수가 불량한 경우
- 부주의하거나 숙련되지 않은 사람이 식재한 경우
  - 너무 깊게 심거나 뿌리분이 장시간 노출
  - 이식 후 잎 훑기를 하지 않거나 약전정을 한 경우
  - 식재 후 나무가 심하게 흔들린 경우(지주목 체결 미흡)
  - 식재 후 물을 충분히 주지 않았거나 물조임이 되지 않아 공극이 많은 경우
  - 미숙퇴비나 계분을 과다하게 시비했을 경우
- 기후조건이 맞지 않은 경우

줄기 감기

옮겨 심은 나무는 모든 생육기능이 약해져 있기 때문에 적절한 보호조치를 해주어야 한다. 껍질이 약한 나무는 여름철에 강한 햇빛을 막아주고 보습을 위한 조치를 해야 하며, 가을에 이식한 나무는 겨울철에 얼어 죽지 않도록 보온조치를 해주어야 한다. 이를 위해서 수목줄기에 새끼줄을 감은 후 진흙을 바르거나 거적, 종이 등으로 감싸는 양생작업을 하는데, 이를 줄기 감기라 한다.

줄기 감기를 해야 하는 나무

① 중 · 대목으로서 뿌리돌림을 하지 않은 상태로 옮겨진 나무

② 중 · 대목을 이식할 때 거의 모든 가지를 잘라버린 나무

③ 잔뿌리가 적어 쇠약한 상태의 나무

④ 추위에 약한 나무

⑤ 느티나무, 배롱나무, 단풍나무처럼 수피가 매끄럽고 얇은 나무나 소나무처럼 수피가 갈라져 있어 관수나 멀칭만으로는 지상부의 증산을 억제하기 어려운 나무

⑥ 부적절한 시기에 이식한 나무

재료

새끼줄, 황마포 테이프, 마직포, 진흙, 짚

● 새끼줄 감기

① 지표로부터 주간을 따라 감되 지표면으로부터 1.6m 높이나 나무 높이의 60% 정도까지 수피에 새끼줄을 빈틈없이 감는다.

② 새끼줄로 감은 후 체로 친 점토와 짚 부스러기 등을 섞어 물을 붓고 이긴 것을 새끼줄로 감은 부위에 바른다. 이것은 수피면에서 증산이 되는 것을 방지하며 강

새끼줄 감기

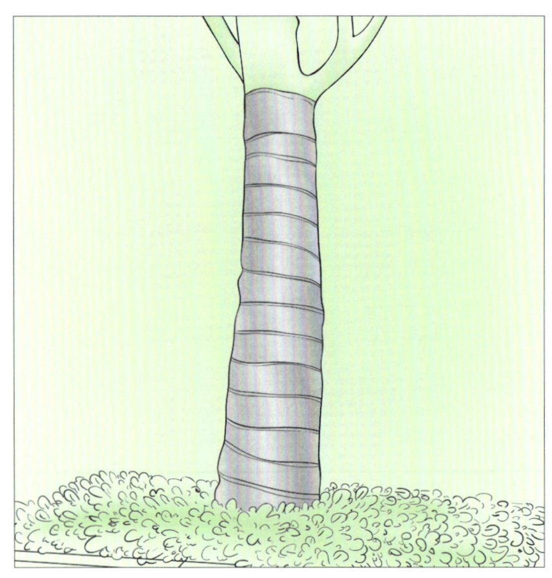

황마포 테이프 감기

한 햇빛과 추위에 대한 보호효과가 있고, 수피에 서식하는 해충류의 번식을 차단한다.

● **황마포 테이프 감기**

① 황마포를 나무 높이의 60% 정도까지 10cm 정도씩 겹치도록 줄기나 아래쪽의 굵은 가지에 감는다.

② 황마포로 감아주면 수피에서 수분의 증산을 방지하고 강한 햇빛과 추위에 대한 보호효과가 있다.

☞ 주의사항

① 줄기 감기를 한 후 해마다 황마포 테이프나 새끼줄이 잘 감겨 있는지를 점검해야 한다.

② 보통 2~3년이 지나면 새끼줄이나 황마포 테이프를 풀어 태우거나 매립하여 병충을 제거한다.

지주 세우기

식재 후 수목은 바람이나 외부의 충격으로 쉽게 쓰러지거나, 수간이 흔들려 뿌리에 충격을 줄 수 있으므로 원활한 활착을 위해서는 수목을 고정해 주어야 한다.

보통 수고가 2~3m 이상의 수목에는 지주를 설치한다. 지주는 통나무, 대나무, 각목, 강관, 플라스틱, 철선 등 다양한 재료를 사용해서 만들 수 있다. 또 형태에 따라 단각, 이각, 삼발이, 삼각, 사각, 연계형, 당김줄형, 매몰형 등 다양하므로 수목의 종류와 현장 여건에 따라 적절한 지주를 사용한다.

지주를 설치할 때 고려사항

① 주 풍향을 고려하여 바람에 쓰러지지 않도록 한다.

지주의 종류와 적용

지 주 형	적용 수목	시공 방법
단각지주	묘목이나 나무 높이 1.2m 이하의 수목	1개의 말뚝을 수목의 주간 바로 옆에 깊이 박고 그 말뚝에 주간을 묶어 고정한다.
이각지주	나무 높이 1.2~2.5m의 수목	수목의 중심으로부터 양쪽으로 일정한 간격을 벌려서 각목이나 말뚝을 30cm 정도 깊이로 박고, 박은 나무를 각목과 연결못으로 고정시킨 다음 가로지르는 각목과 식물의 주간을 새끼나 끈으로 묶는다.
삼발이	소형 : 나무 높이 5m 이하의 수목 대형 : 나무 높이 5m 이상의 수목	박피 통나무나 각재를 삼각형으로 주간에 걸쳐 새끼줄이나 끈으로 묶어 수목을 안정시킨다.
삼각(사각)지주	나무 높이 1.2~4.5m의 수목	각재나 박피 통나무를 이용하여 삼각이나 사각으로 박아 가로지른 각재와 주간을 연결한다. 지주 경사각은 70°를 표준으로 한다. 사각지주가 삼각지주보다 견고하고 튼튼하다.
연계형 지주	나무 높이 1.2~4.5m이고 같은 종류의 군식수목에 설치	각 수목의 주간에 각목 또는 대나무 등의 가로 막대를 대고 주간과 결속하여 고정한다.
매몰형 지주	경관상 매우 중요한 위치거나 지주목이 통행에 지장을 많이 초래한다고 판단되는 경우	식재 구덩이 아랫부분 뿌리분의 양쪽에 박피 통나무를 눕혀 단단히 묻고 이를 지주대로 하여 뿌리분을 철선이나 밧줄로 고정한다.
당김줄형 지주 (턴버클)	대형 수목이나 경관적 가치가 요구되는 곳	주간에 완충재를 감아 수피를 보호하고 그 부위에서 세 방향으로 철선을 당겨 지표에 박은 말뚝에 고정한다.

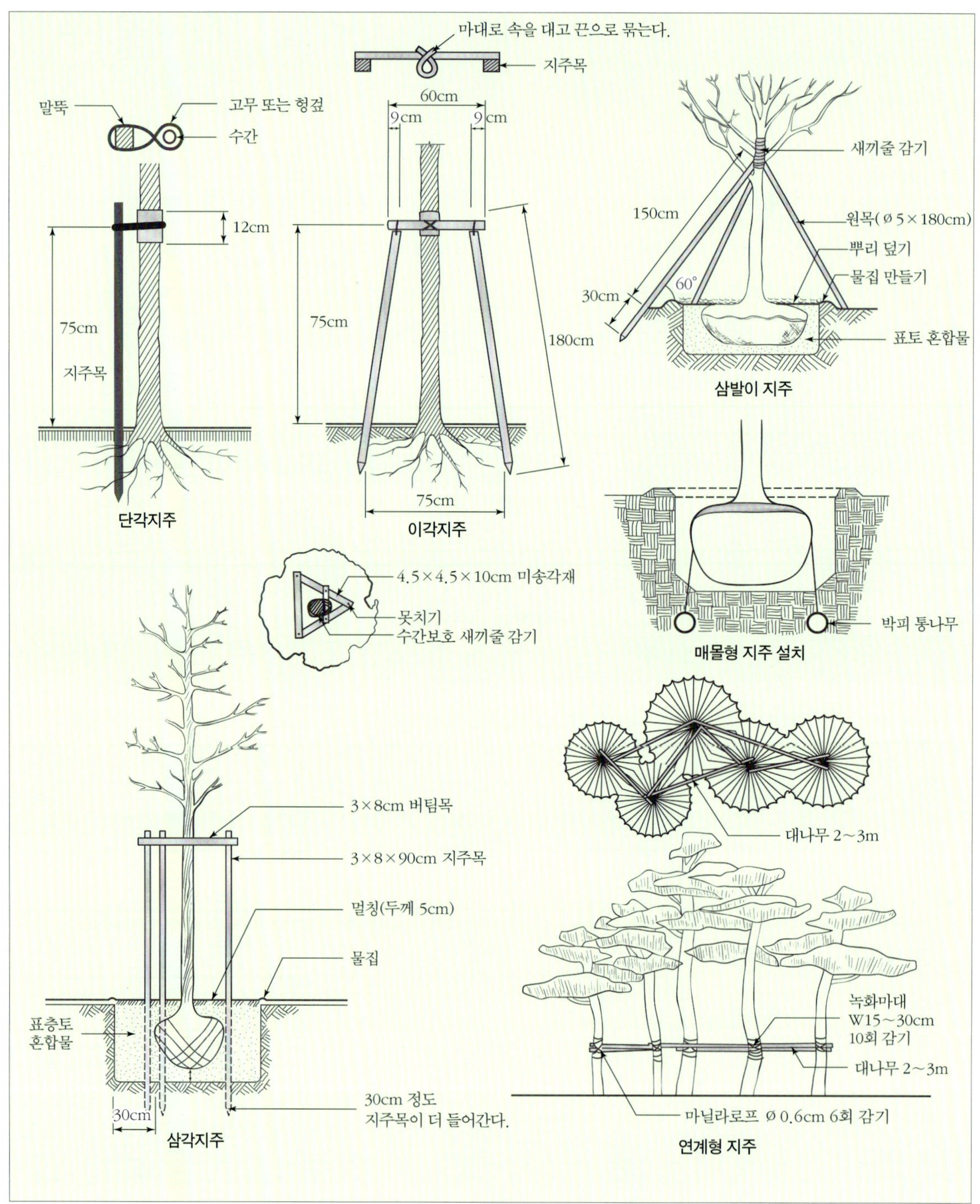
마대로 속을 대고 끈으로 묶는다.
지주목
말뚝
고무 또는 헝겊
수간
12cm
75cm
지주목
단각지주
60cm
9cm
9cm
75cm
180cm
75cm
이각지주
새끼줄 감기
150cm
원목(ø 5×180cm)
뿌리 덮기
물집 만들기
60°
30cm
표토 혼합물
삼발이 지주
박피 통나무
매몰형 지주 설치
4.5×4.5×10cm 미송각재
못치기
수간보호 새끼줄 감기
3×8cm 버팀목
3×8×90cm 지주목
멀칭(두께 5cm)
물집
표층토
혼합물
30cm
삼각지주
30cm 정도
지주목이 더 들어간다.
대나무 2~3m
녹화마대
W15~30cm
10회 감기
대나무 2~3m
마닐라로프 ø 0.6cm 6회 감기
연계형 지주

지주의 종류 1

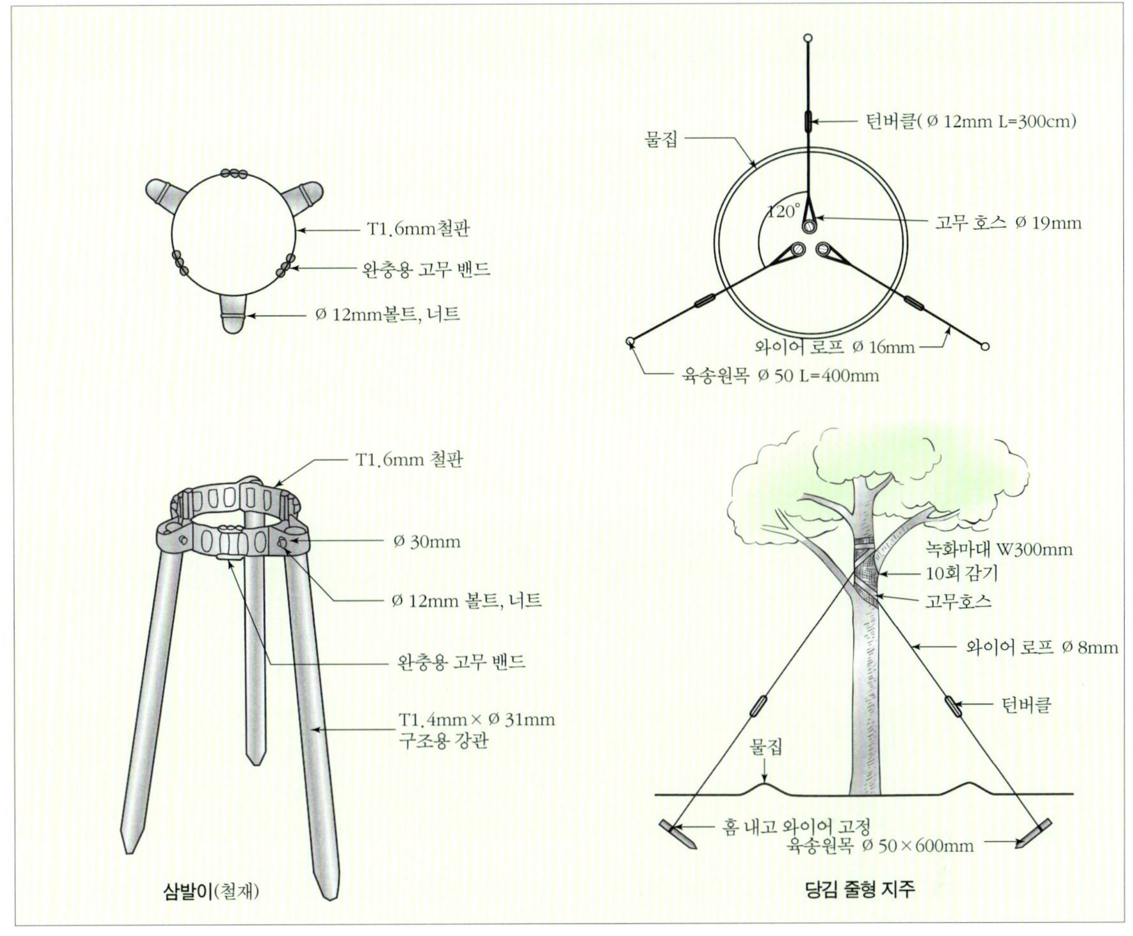

지주의 종류 2

② 구조적으로 든든하고 시각적으로도 보기 좋아야 한다.

③ 수목과 지주목을 연결하는 부위에는 마대나 고무 등을 대어 수피의 손상을 방지한다.

④ 지주의 아랫부분은 흙 속에 깊게 박아서 고정한다.

도구

망치, 해머, 삽, 톱

재료

통나무, 대나무, 각목, 강관, 말뚝, 못, 고무나 마대

주의사항

① 최근 판매되고 있는 지주는 생산회사에서 제공하는 설치안내서를 참고하여 설치한다.

② 당김줄에는 눈에 잘 띄도록 하얀 끈을 매어 보행인이 걸려 넘어지는 사고를 방지한다.

멀칭

수목의 아랫부분을 그대로 방치하게 되면 흙이 노출되어 보기에도 좋지 않고 토양 중의 수분이 증발하게 되며 잡초가 자라게 된다. 이를 방지하기 위해서 멀칭 *mulching*을 하면 좋다.

도구

삽, 해머, 망치

재료

조약돌이나 콩자갈, 침목, 분쇄목, 점토벽돌, 콘크리트 블록, 석재판석, 통나무, 방부목

● 조약돌 멀칭

경계를 원형으로 두르고 안에 조약돌을 깔아 수분 증발을 억제하고 잡초의 번식을 막는다.

● 침목과 분쇄목 멀칭

사각형으로 침목을 두르고 안에 분쇄목을 멀칭하여 뿌리덮개의 효과를 얻을 수 있다. 분쇄목 대신 콩자갈을 깔아도 좋다.

● 점토벽돌과 모래 멀칭

뿌리 주변에 점토벽돌을 깔고 주간 주변에는 모래, 콩자갈, 가는 분쇄목을 깔아서 멀칭 효과를 낼 수 있다.

● 콘크리트 블록과 멀칭

콘크리트 블록을 사각형으로 배치하고 안에 멀칭재를 깐다.

● 통나무 심기와 멀칭

나무 주변에 통나무를 심고 안에 멀칭재를 깔아서 자연스러운 분위기를 낸다.

● 플랜터의 설치

방부목이나 침목을 수목 주변에 돌아가면서 땅속에 박아 고정시켜 원형 플랜터를 만들고 내부에 원하는 지피식물을 심는다.

● 수목보호덮개

정원의 포장지역에 식재되는 수목은 보행인의 답압으로부터 뿌리부의 토양경화를 방지하여 수분과 산소를 잘 흡수하도록 수목보호판을 설치해 준다.

보호판은 각 연결부위가 꼭 맞고 흔들리지 않게 지면에서 1~2cm 뜨도록 설치하며, 받침틀은 보도면과 동일하게 설치한다. 이러한 보호판은 재료에 따라 주철, 콘크리트 블록, 폴리에틸렌 제품 등이 있다.

주의사항

① 뿌리부분이 성장하여 토양이 융기되면 이에 따라 포장 부위와 멀칭 부위를 다시 조정해야 한다.

② 주기적으로 멀칭 부위의 잡초를 제거하여 깨끗하게 정리한다.

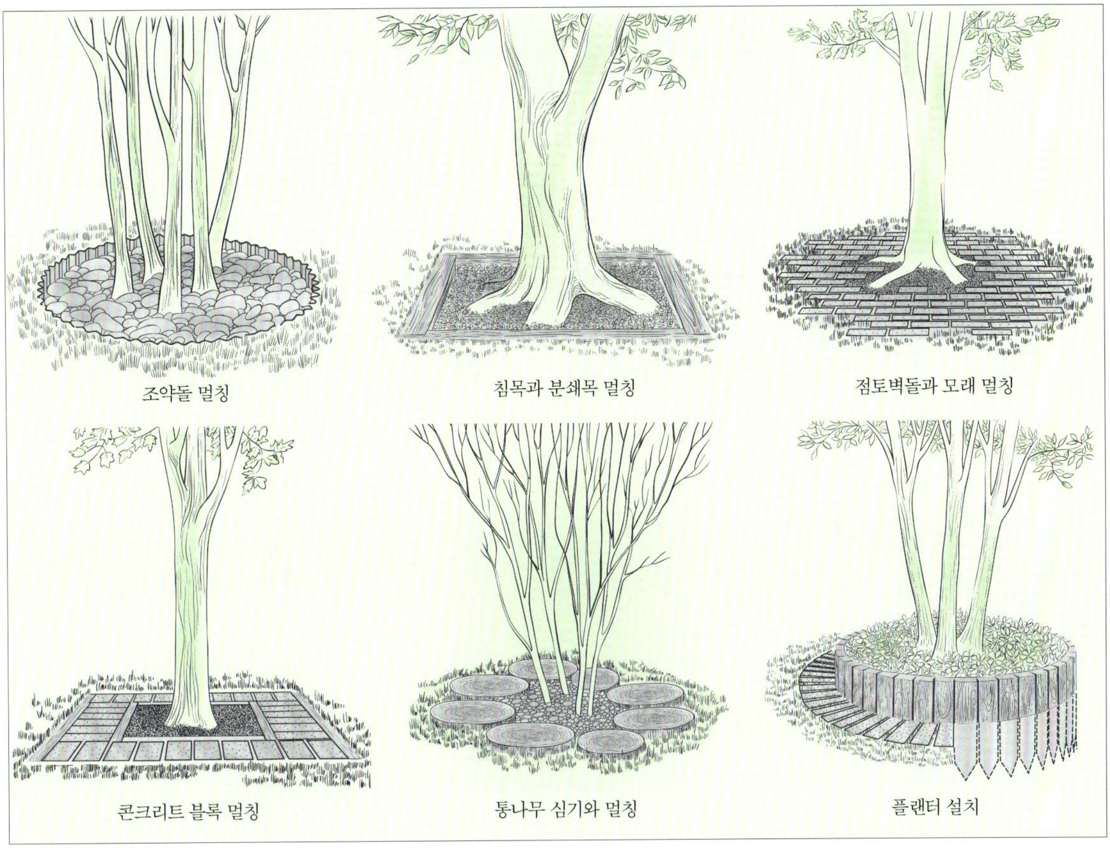

조약돌 멀칭
침목과 분쇄목 멀칭
점토벽돌과 모래 멀칭
콘크리트 블록 멀칭
통나무 심기와 멀칭
플랜터 설치

멀칭의 종류

10cm
1~2cm
15cm
137cm
120cm
받침틀
120cm
35cm
50cm
35cm
덮개

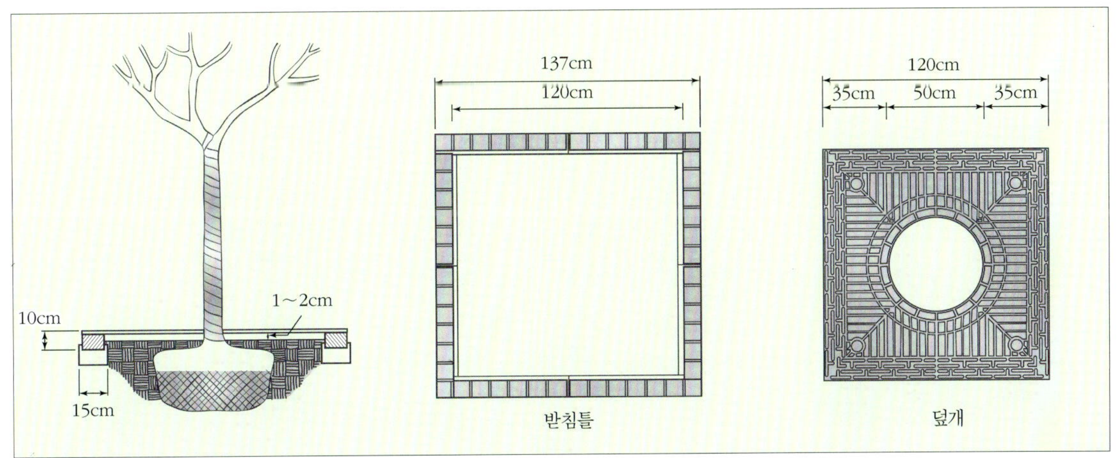

수목보호덮개

뿌리의 보호

정원을 만들다 보면 기존의 큰 나무들을 보호하거나 식재 후 배수가 불량한 지반을 개선해 주어야 하는 경우가 있다.

성토 때문에 기존 수목들의 뿌리가 원래보다 땅속으로 깊게 들어가게 되면, 그 나무의 뿌리는 토양공기가 부족하여 호흡에 필요한 산소공급이 어려워져 수목이 죽을 수 있다. 이때 기존 수목을 보호하기 위해 성토 때문에 묻힌 나무 둘레의 흙을 파 올리고 나무줄기를 중심으로 일정한 넓이로 지면까지 소옹벽을 쌓아서 원래의 지표면 높이를 유지하도록 나무우물 *tree well*을 만들어주면 뿌리의 생육이 건전하게 지속될 수 있다. 이때 소옹벽은 배면에서 물이 흘러나올 수 있도록 메쌓기를 해야 한다.

한편, 절토로 인해 뿌리가 노출되는 경우에는 노출된 부분에 역시 소옹벽을 쌓아서 뿌리를 보호해야 한다. 이 밖에도 콘크리트나 아스팔트 포장같이 투수되지 않는 포장을 하여 뿌리에 수분이 공급되지 않는 경우가 있으므로, 정원에서는 될 수 있으면 투수가 가능한 투수성 포장을 하는 것이 좋다.

식재지반의 배수를 개선하는 방법

정원에서 식재 후 중요한 문제는 토양수분 상태인데,

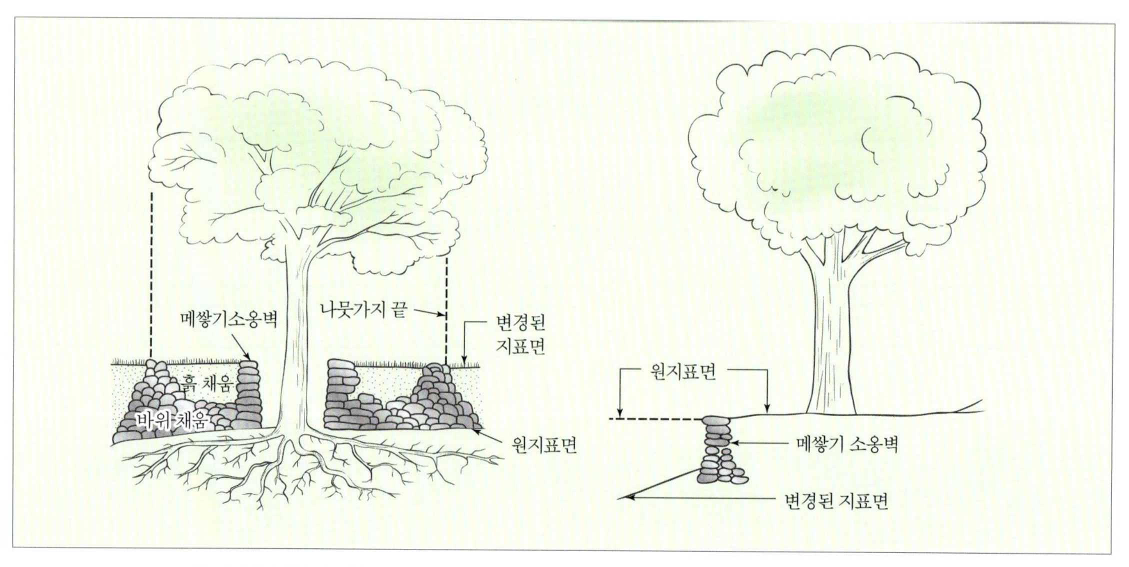

뿌리 주변이 성토된 경우

뿌리 주변이 절토된 경우

흙이 점토를 많이 함유하여 배수가 잘 되지 않거나 지하수위가 높아 물이 적절하게 배수되지 않으면 나무는 수분과다로 죽게 된다. 이때는 배수를 촉진하기 위한 배수불량지반 처리를 반드시 해주어야 한다.배수가 불량한 식재지반의 배수를 개선하기 위해서는 다양한 방법이 있는데 대표적으로 배수관 배수, 맹암거 배수, 자갈층 배수 등의 방법을 사용한다.

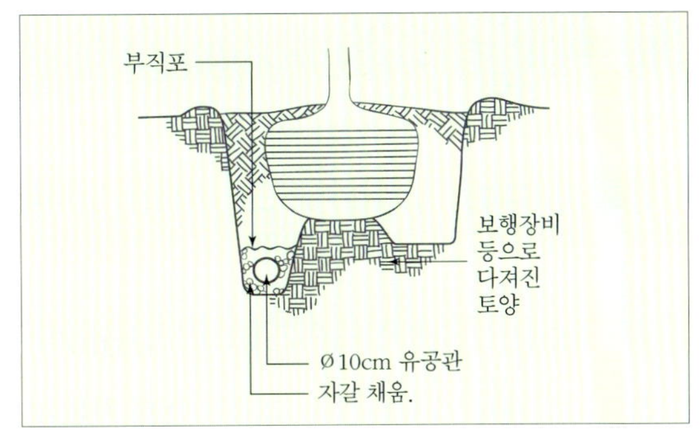

맹암거 배수

● 배수관 배수

식재구덩이 하부 자갈층을 만들고 이곳에서 별도로 설치된 배수관으로 유공관을 연결하여 물을 배수시키는 방법으로 배수효과가 높지만 작업규모가 크다.

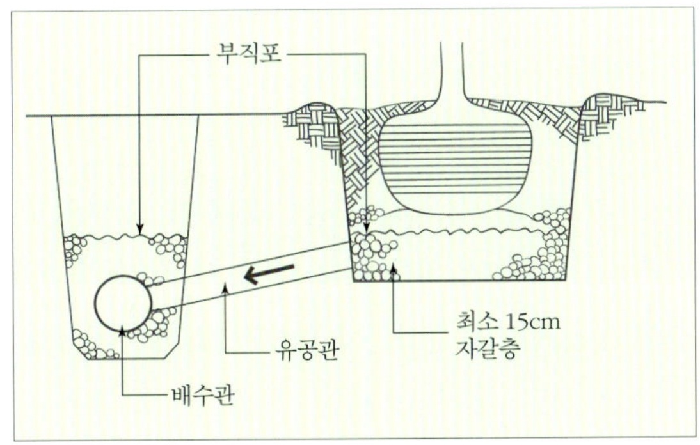

배수관 배수

● 맹암거 배수

식재구덩이 바닥의 구석에 별도로 맹암거를 설치하여 이곳을 통하여 물을 집수하고 배수시키는 방법으로 맹암거를 연결시키는 작업이 필요하다.

● 자갈층 배수

식재구덩이 바닥의 구석에 아래로 30cm 이상을 파고 자갈을 채워 물을 이곳으로 모이도록 하여 배수시키는 간단한 방법이지만 배수불량지반을 완전히 개선할 수 없다.

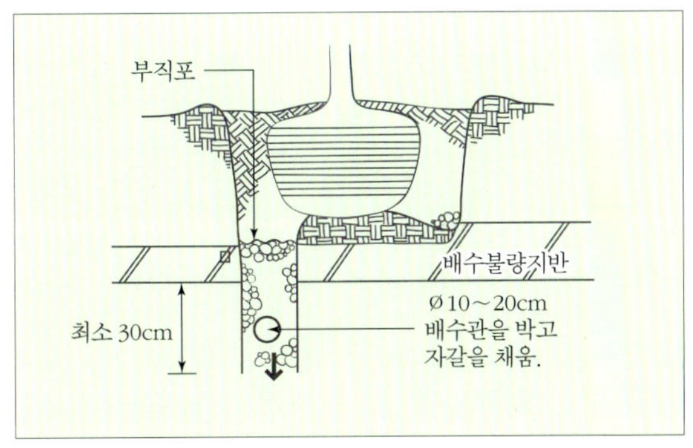

자갈층 배수

☞ 주의사항

① 토공사로 인하여 지표면의 높이가 달라지거나 상하수도 및 전기 · 설비공사로 인하여 뿌리가 피해를 입으면 소중한 노거목이 죽는 경우가 있으므로 주의해야 한다.

② 이러한 작업이 이루어지기 전에 수목을 보호하기 위한 사전조치를 취하고 작업후 수목의 생육상태(잎의 시들거나 활력저하)를 면밀히 관찰하여 문제가 발생하면 신속한 보호조치를 취한다.

수간주입주사

수세가 쇠약한 나무의 회복이나 식재 후 수목의 활착을 돕고, 병충해를 입은 나무의 회복을 돕기 위해 나무에 약액을 주입한다. 주입은 수액 이동이 활발한 5월 초~9월 말 사이에 증산작용이 활발한 맑게 갠 날에 실시한다.

도구

수간주입기, 드릴

재료

수간주입액, 톱밥, 도포제, 코르크 마개

● 수간주입방법

① 수간주입기를 사람의 키 높이 정도 되는 곳에 끈으로 매단다.

② 지표면에서부터 5~10cm 정도의 높이에 드릴로 지름 5mm, 깊이 3~4cm의 구멍을 20~30°로 비스듬히 뚫고, 구멍 안의 나무 부스러기를 깨끗이 제거한다.

③ 먼저 뚫은 구멍의 반대쪽에, 지상에서 10~15cm 정도의 높이에 주입구멍 1개를 더 뚫는다.

④ 나무에 매단 수간주입기에 미리 준비한 소정량의 약액을 부어 넣는다.

⑤ 주입기의 한쪽 호스로 약액이 흘러나오게 해서 주입구멍 안에 약액을 가득 채워 공기를 완전히 빼낸다.

⑥ 호스 끝에 있는 플라스틱 주입구멍을 나무의 구멍에 끼워 약액이 흘러나오지 않도록 고정하고, 같은 방법으로 나머지 호스를 반대쪽의 주입구멍에 연결한다.

⑦ 수간주입기의 약액이 다 없어지면 나무에서 수간주입기를 걷어내고 나무의 주입구멍에 도포제를 바른 다음 코르크 마개로 막는다.

주의사항

① 수간주입주사가 끝나면 주입구멍은 반드시 막아서 수피가 상하거나 병에 걸리지 않게 해야 한다.

② 수간주입 중에는 경고용 안내판을 부착한다.

수목의 전정

정원수는 관상용 또는 실용적인 목적으로 식재하기 때문에 관리에 특히 신경을 써야 한다. 관리가 소홀하면 가지나 잎이 너무 무성해지거나 원치 않는 모습으로 수형이 변하게 되고 병충해가 발생하고 꽃이나 열매가 맺지 않게 되거나 사람의 생활에 지장을 주기도 한다. 그러므로 정원수목의 전정은 자연상태에서 양호한 수형을 유지해 주거나 관상에 필요한 목적에 따라 미적으로 아름다운 수형을 만들거나, 생육상태의 조절과 개화 · 결실을 촉진하기 위해 이루어지는 작업이다. 이 밖에도 수목을 이식하거나 생장장애가 일어났을 경우 전정을 하는 것은 이를 치료하기 위한 좋은 수단이 될 수 있다.

전정의 목적

정원에 심은 나무의 고유한 모양을 유지하거나 새로운 모양으로 만들고 생육상태를 조절하여 개화 · 결실을 촉진하고자 할 때 인위적인 전정작업을 한다.

① 조형을 위한 전정
수목의 특성에 맞게 형태를 살리면서도 나무들이 조화와 균형을 이룰 수 있도록 전정하면 미적 효과를 얻을 수 있다.

② 생장을 조정하기 위한 전정
묘목이나 어린 나무의 병충해를 입은 가지, 말라 죽거나 손상된 가지 등을 제거해서 필요한 가지의 생장을 촉진시킨다.

③ 생장을 억제하기 위한 전정
조경수목을 일정한 형태로 유지시키기 위해 생장을 억제하는 전정으로 옥향, 회양목, 편백 등의 침엽수나 상록활엽수의 전정과 생울타리 전정 등이 있다.

④ 갱신을 위한 전정
생기를 잃은 줄기와 묵은 가지를 잘라 새로운 가지가 나오게 해서 나무에 활기를 준다.

⑤ 생리 조정을 위한 전정
이식을 할 때는 뿌리가 절단되므로 위쪽의 가지와 잎을 그대로 두면 말라 죽기 쉽다. 이때 손상된 뿌리에서 흡수되는 수분과 줄기와 잎의 증산작용이 균형을 이루도록 하기 위해 가지와 잎을 적당하게 솎아준다.

⑥ 개화 · 결실을 촉진하기 위한 전정
꽃나무의 개화와 유실수의 결실을 촉진하기 위해 허약한 가지나 웃자란 가지를 제거한다. 꽃눈의 형성 시기와 개화 · 결실 시기를 고려해서 전정한다.

교목의 전정

관목의 전정

전정도구와 사용방법

조경수목을 전정할 때 사용하는 도구는 전정할 부위에 따라 달라진다. 전정을 하기 위해 필요한 도구를 종류별로 살펴보면 다음과 같다.

사다리

키가 큰 나무의 윗부분을 전정하기 위해 사용한다. 운반하기 쉽고 가벼우며 튼튼한 알루미늄이나 목재로 만든 사다리가 편리하다.

사다리를 나무에 기대어 놓고 사용할 때는 나무에 마대를 감아 상처가 나지 않도록 주의해야 하며, 사다리를 지면에 놓을 때는 흔들리지 않도록 균형 있게 고정하고 지면이 무른 경우에는 사다리를 놓고 올라가 힘을 가해 땅을 다진다.

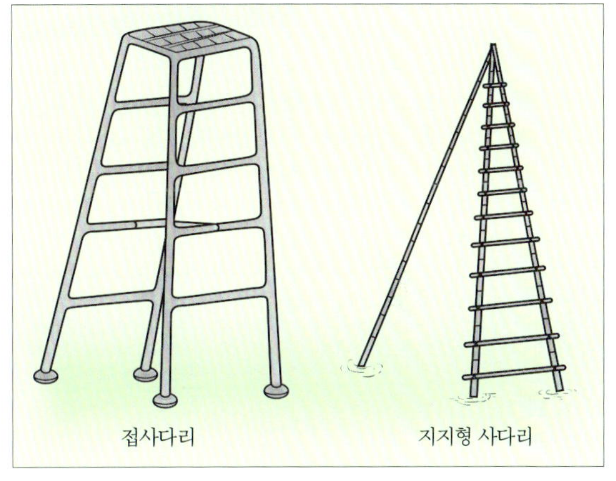

사다리의 종류

톱

톱은 전정가위로 자르기 힘든 큰 가지나 썩거나 병충해를 입은 늙은 줄기를 제거할 때 사용한다. 톱은 큰

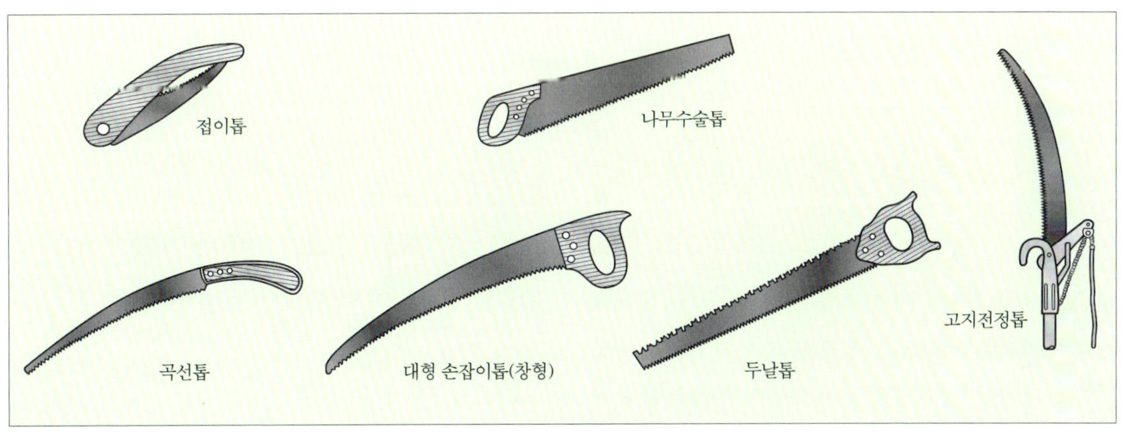

톱의 종류

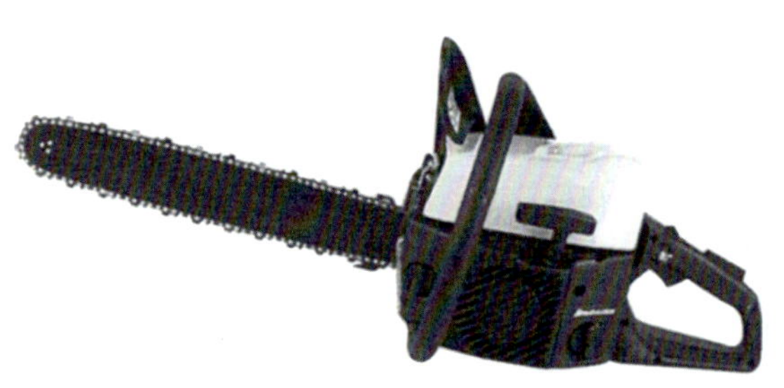
전동톱

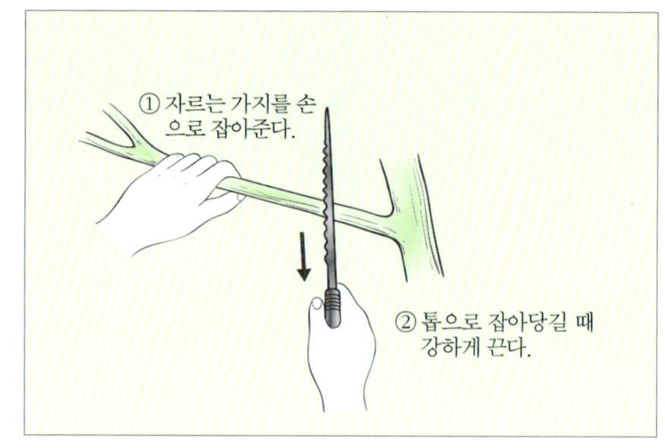

톱 사용법

가지 절단용과 작은 가지 절단용으로 구분할 수 있으며 적합한 것을 선택하여 사용한다. 쉽게 작업하기 위해서 때로는 전동톱을 사용할 수 있지만 안전에 주의해야 한다.

● 톱 사용법

① 자르고자 하는 가지를 손으로 잡고 톱을 잡아당기면서 아래로 힘을 가하여 자른다.

② 톱질을 쉽게 하기 위해서는 가지를 절단방향으로 약간 밀어주는 것이 좋다.

③ 가지 절단부의 껍질이 벗겨지지 않도록 주의한다.

전정가위

전정가위는 작은 가지를 자를 때 사용하는데, 튼튼하고 날이 쉽게 무뎌지지 않는 것을 선택한다. 가는 가지는 쉽게 잘라지지만 지름이 1cm 이상인 굵은 가지는 자르기 어려우므로 전정가위의 날끝을 조금 돌리듯 잘라야 한다. 가지의 지름이 3cm 이상인 굵은 가지를 자를 때는 대형가위나 톱을 사용하는 것이 좋다.

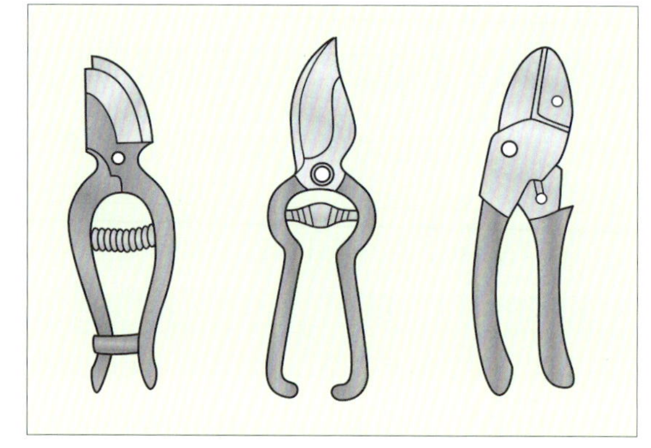
선성가위의 종류

● 전정가위 사용법

① 지름 1cm 이하의 가지는 전정가위의 날 사이에 가지를 끼워서 자른다. 이때 날을 비틀거나 흔들면 절단된 부위가 매끄럽지 못하다.

② 지름 1cm 이상의 두꺼운 가지는 날을 크게 벌려서 받쳐주는 날 쪽으로 수직으로 돌리면서 자르면 쉽게 자를 수 있다. 또한 날끝을 조금 돌리듯 자르면 잘 잘라진다.

순지르기가위

주로 연하고 부드러운 가는 가지를 자를 때 사용하는

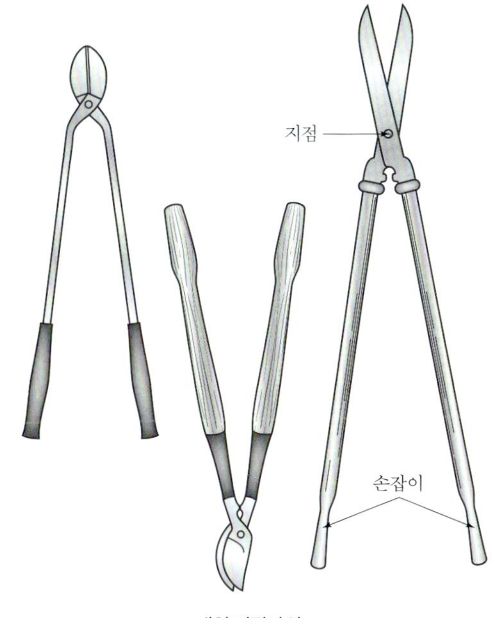

대형 전정가위

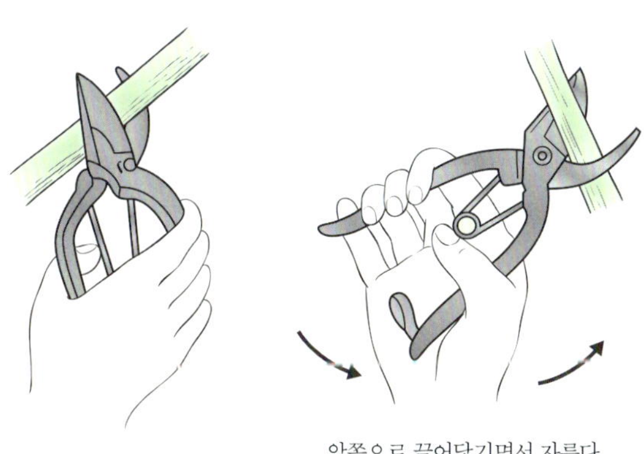

전정가위 사용법

가위로 나무 관리를 위해 자주 사용하는 필수품이다.

● 순자르기가위 사용법

① 지름 5mm 이내의 가는 가지를 자를 때는 한 손으로 가지를 잡고 다른 한 손으로 가위를 얕게 끼워 단번에 자른다.

② 지름 5mm 이상의 가지는 가위를 깊게 끼워서 약간 자기 앞으로 돌리듯이 자른다.

③ 가는 가지나 잎 끝을 자를 때는 엄지손가락과 집게손가락으로 날을 고정하고 다른 세 손가락으로 가위를 움직여 자른다.

고지가위

고지가위는 높은 곳의 가지를 자르거나 열매를 따기 위해 사다리를 사용하지 않고 지면에서 작업할 수 있도록 만든 가위이다. 암날과 수날이 있고 도르래에 체인을 걸고 당김줄을 매어 줄을 잡아당기면 가지가 잘라진다.

생울타리 전정가위

쥐똥나무, 사철나무, 회양목, 향나무 같은 생울타리의 가지나 잎을 빨리 다듬기 위해 만든 전정가위이다. 작업을 빨리 하려면 전동식 생울타리용 전정기를 사용하는 것도 좋다.

☞ 주의사항

① 전정도구는 사용 중 안전사고의 우려가 있으므로 주의하고 작업을 할 때는 보호장갑과 보호안경을 착용한다.

② 전정도구는 사용 후에 녹슬지 않도록 기름헝겊으로 깨끗이 닦은 후 건조한 곳에 보관한다.

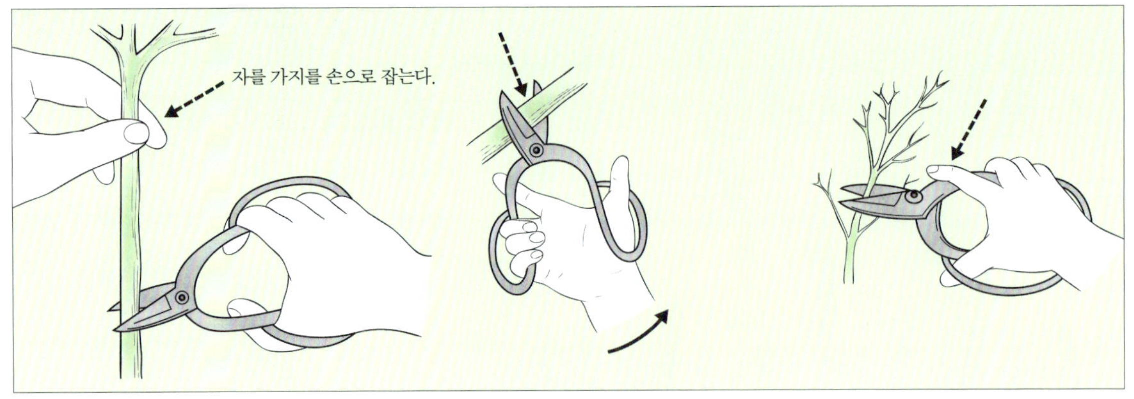

순지르기가위의 사용방법

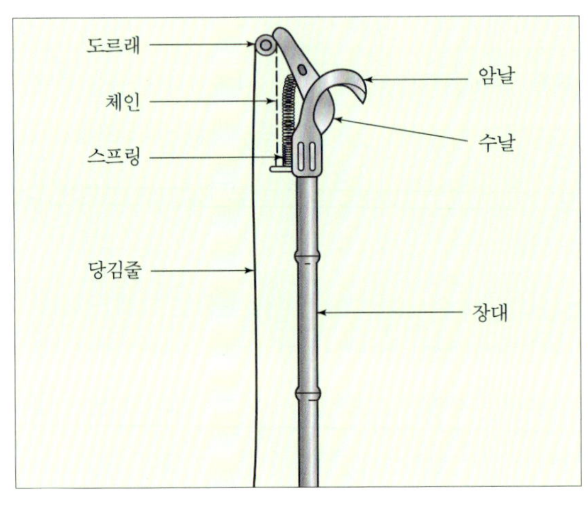

고지가위

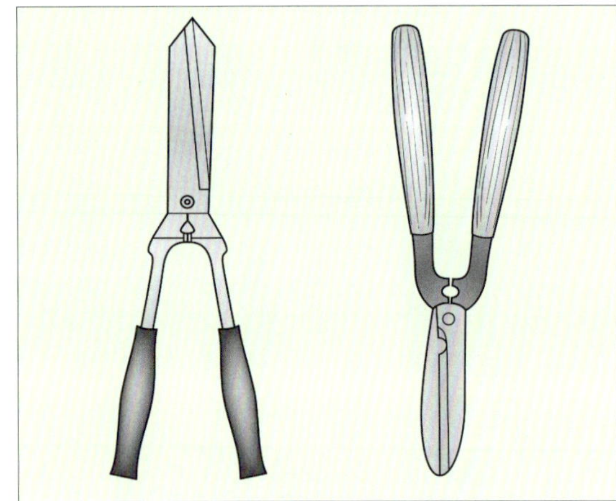

조형전정가위

전동식 생울타리용 전정기

전정시기와 원칙

전정시기

전정은 휴면기 전정과 생육기 전정으로 구분하는데, 온대지방의 경우는 전정의 시기를 계절에 따라 봄 전정, 여름 전정, 가을 전정, 겨울 전정으로 나눈다. 전정은 수목의 종류와 생육상태를 고려하여 적절한 시기에 해야 한다.

전정시기는 수종에 따라 다르지만 일반적으로 낙엽활엽수는 잎이 단단해진 7~8월과 낙엽 후 10~12월, 이른 봄인 3월이 적당하며, 상록활엽수는 이른 봄인 3월과 9~10월에, 침엽수는 한겨울을 피해 11~12월이나 이른 봄에 실시한다.

● 전정을 하지 않는 수종

침엽수 : 독일가문비, 금송, 개잎갈나무, 나한백 등

상록활엽수 : 동백나무, 산다화, 치자나무, 굴거리나무, 태산목, 만병초, 팔손이, 남천, 다정큼나무 등

수목별 전정시기

전정시기	수 종	비 고
봄 전정 (3~5월)	상록활엽수(감탕나무, 녹나무 등) 침엽수(소나무, 반송, 섬잣나무 등) 봄꽃나무(진달래, 철쭉류, 목련 등) 여름꽃나무(무궁화, 배롱나무, 장미 등) 산울타리(향나무류, 회양목, 사철나무 등) 유실수(복숭아나무, 사과나무, 포도나무 등)	새잎이 날 때 전정 순지르기(5월 상순) 화목류는 꽃이 진 후 즉시 전정 꽃눈이 생기기 전 이른 봄에 전정 5월 말 이른 봄 싹트기 전 전정
여름 전정 (6~8월)	낙엽활엽수(단풍나무류, 자작나무 등) 일반 수목	심한 전정은 피한다. 웃자란 가지, 기는 가지, 맹아지 제거, 무성한 가지
가을 전정 (9~11월)	낙엽활엽수 일부 상록활엽수 일부 침엽수 일부 생울타리	심한 전정을 하면 동해를 입기 쉽다. 남부 지방에서만 전정 적기 묵은 잎 순지르기 2번 정도 전정
겨울 전정 (12~3월)	내한성이 강한 낙엽수 교차지, 내향지, 역지 등이 있는 수목	수형을 잡아주기 위한 굵은 가지 전정 가지 식별이 가능하므로 전정 용이

낙엽활엽수 : 느티나무, 팽나무, 회화나무, 참나무류,
푸조나무, 백목련, 튤립나무, 수국, 떡갈나무 등

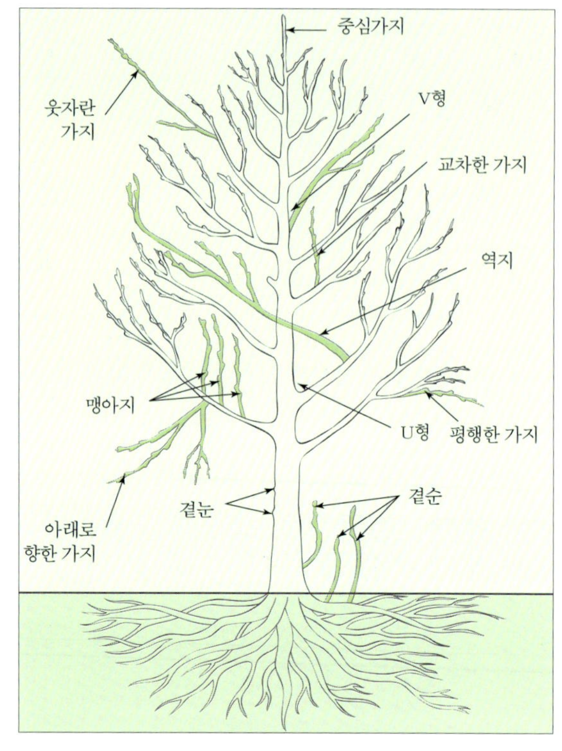

조형을 위한 전정 부위

전정의 원칙

① 무성하게 자란 가지는 자른다.

② 지나치게 길게 자란 가지는 자른다.

③ 수목의 중심가지는 하나로 자라게 한다.

④ 맹아지는 자른다.

⑤ 수형의 균형을 잃을 정도로 웃자란 가지는 자른다.

⑥ 역지, 수하지, 난지, 교차지, 내향지를 자른다.

⑦ 같은 모양의 가지나 정면으로 향한 가지를 자른다.

⑧ 허약한 가지나 병든 가지를 자른다.

⑨ 뿌리자람의 방향과 가지의 유인을 고려한다.

전정의 순서

① 나무 전체를 충분히 관찰하고 만들고자 하는 수형을 결정한 다음, 수형이나 목적에 맞지 않는 큰 가지부터 전정한다.

② 가지를 자를 때에는 수관 위쪽에서부터 아래쪽으로, 수관 밖에서부터 안쪽으로 향해 잘라 나간다.

③ 가지는 굵은 가지를 먼저 자르고, 그 다음에 가는 가지를 자른다.

전정시 고려사항

정원에 심는 수목은 그 종류가 다양하고 환경에 따라 크기나 생장 상태가 달라지고 수목의 수형도 달라지게 마련이므로 전정시 다음 사항을 주의한다.

- 정원이나 건물 등의 구조물과 어울리도록 주변환경과 조화를 이루어야 하며, 차폐 · 방풍 · 방화 등의 실용적인 목적을 다할 수 있도록 크기와 형태를 결정해야 한다.
- 이식시 뿌리의 절단 등의 손상으로 인하여 수분의 흡수량보다 증산량이 많아지면 고사할 우려가 있으므로 이식할 수목의 활착률을 높이고 수세와 수목의 개화를 조절하기 위하여 가지를 솎아 건전한 생육을 하게 한다.
- 전정하고자 하는 정원수의 수세와 수관의 형태를 미리 파악하고 종합적인 검토를 한 후에 전정을 해야 뜻하지 않게 수형을 망치는 것을 방지하고 각 가지의 세력을 평준화하고 미관을 유지할 수 있다.

굵은 가지 전정

지름 3cm 이상의 굵은 가지를 톱으로 절단하는 것이다. 굵은 가지의 전정은 수목의 수형에 큰 영향을 주게 되므로 절단 전에 충분하게 검토할 필요가 있다. 전정하는 시기는 수종에 따라 다르지만 침엽수와 낙엽활엽수의 경우에는 잘라낸 뒤 상처가 아무는 것을 고려하여 이른 봄 눈이 나오기 전에 하고 상록활엽수는 4월 상순, 맹아가 생기기 직전에 하는 것이 좋다. 그러나 강풍이나 충격으로 가지가 해를 입었을 때는 즉시 잘라주어야 한다.

지름 3~10cm 가지의 절단

① 지름 3~10cm의 가지는 중심줄기에서 10~15cm 정도 떨어진 곳을 먼저 자른다. 처음부터 한꺼번에 자르면 가지가 찢어질 수도 있다.

② 이러한 가지를 자를 때는 톱날을 가볍게 밀어 걸친 후 강하게 끌어당긴다.

③ 중심줄기와 가지가 만나는 기부로부터 비스듬히 자른다. 이때 중심줄기에 너무 가깝게 절단하면 절단면이 커져 상처 부위가 잘 아물지 않아 나무에 피해를 줄 수 있으므로 주의한다.

지름 10cm 이상 가지의 절단

① 굵은 가지를 톱으로 자를 때는 먼저 원하는 절단부보다 앞쪽(중심줄기로부터 30cm 정도)을 먼저 절단하여 가지의 무게를 가볍게 해야 한다.

② 가지의 아래쪽으로부터 가지 지름의 1/3 정도 자른

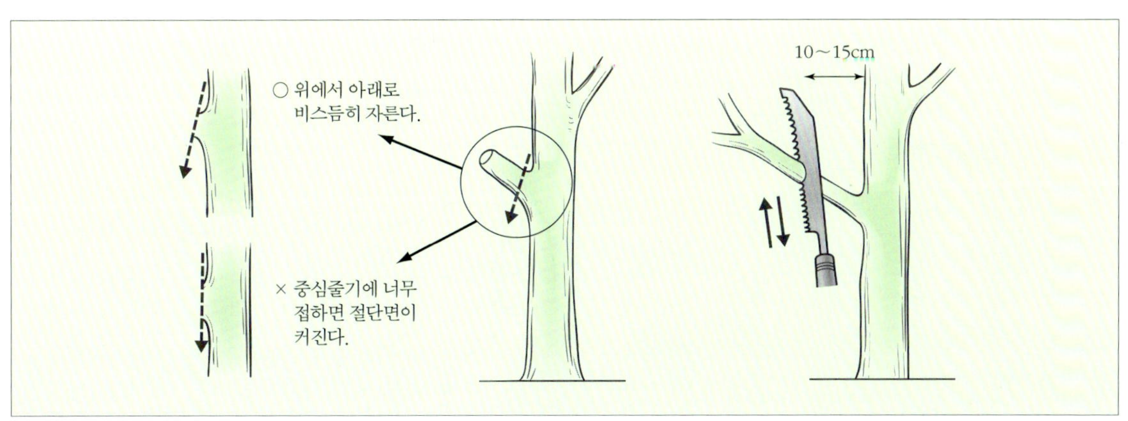

굵은 가지(3~10cm)의 전정

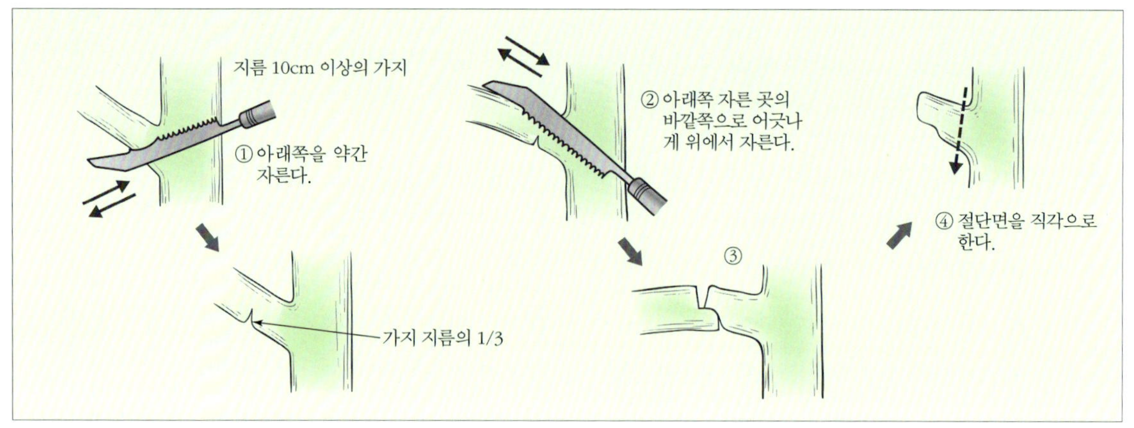

굵은 가지(10cm 이상)의 전정

다음 위쪽을 자른다. 이렇게 하면 가지가 떨어질 때 수피가 찢어지는 것을 방지할 수 있다.

③ 첫 번째 자른 부위에서 바깥쪽으로 2~3cm 정도 떨어진 위치에 위로부터 톱질을 하여 절반 정도 잘랐을 때 가지를 아래로 빠르게 당겨 완전히 잘라내고 기부만을 남긴다.

④ 남겨진 가지를 중심줄기와 기부로부터 비스듬히 자른다. 이때 중심줄기에 너무 가깝게 자르면 절단면이 넓어져 상처 부위가 잘 아물지 않기 때문에 나무에 피해를 줄 수 있으므로 주의해야 한다.

절단 후 보호조치

① 굵은 가지를 잘라내서 절단면이 지나치게 넓을 경우에는 부후균腐朽菌에 감염되기 쉬우므로 우스풀룬이나 메르크론 1,000배액으로 소독한 다음 콜타르나 크레오소트, 그리스, 페인트, 발코드, 파라핀 등 물기를 막을 수 있는 도료를 발라주거나 빗물이 닿지 않도록 덮개를 씌운다.

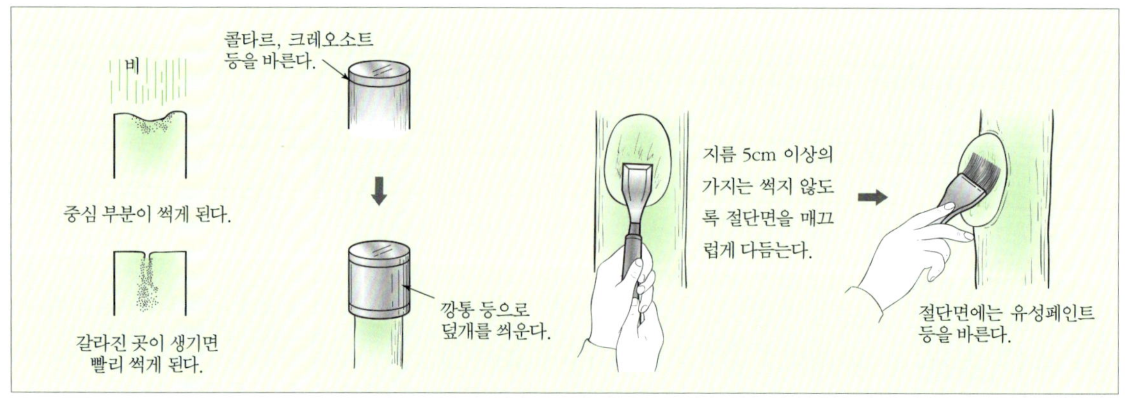

굵은 가지를 자른 후의 처치방법

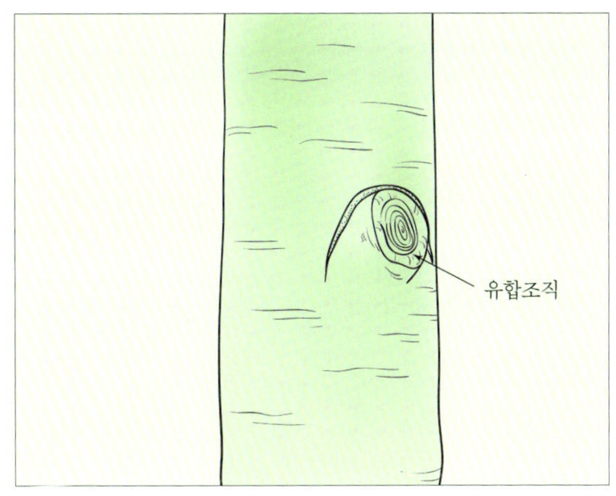

전정한 기부의 유합

② 이렇게 자른 부위는 1년 정도 지나면 단단한 유합조직이 상처 부위의 바깥쪽에 형성되면서 절단면을 덮게 된다.

고지전정톱의 사용

고지전정톱은 사람의 손이 닿지 않는 높은 곳의 굵은 가지를 자를 때 효과적이다. 지상에서 4m까지의 가지를 절단하는 데 사용할 수 있다.

① 자르려는 가지에 고지전정톱을 향한 상태로 작동시킨다.

② 자르려는 가지에 고지전정톱을 대고 힘을 가해 절단한다.

③ 가지는 한 번에 잘라야 한다.

주의사항

전정도구를 잘못 사용하면 안전상 위험하므로 장갑을 끼고 작업을 해야 한다. 특히 고지가위를 이용해 작업할 때는 위에서 자른 가지나 줄기가 떨어질 수 있으므로 보호안경과 헬멧을 착용하는 것이 좋다.

굵은 가지의 전정효과

굵은 가지를 전정하여 가지의 수를 줄이게 되면 정원수목의 지상부에서의 수분 증산량을 줄여 활착률을 높이는 동시에 제거한 가지에 공급될 양분이 남아 있는 가지로 옮겨져 회복이 빨라질 뿐만 아니라 햇볕과 통풍조건이 개선되어 수목의 생육을 돕게 하는 효과를 가져온다.

가는 가지 전정

지름 3cm 이하의 가지나 싹을 전정가위로 절단하거나 가지의 길이를 줄이기 위해서 하는 작업이다.

가는 가지의 절단

① 전정가위를 자르고자 하는 가지의 기부에 위치시키고 힘을 주어 잘라낸다.

② 이때 절단기의 날이 꼬이지 않도록 하면서 빠르게 가지를 잘라내야 가지가 찢어지지 않는다.

③ 만약 깨끗하게 잘라지지 않으면 날을 갈아서 다시 자르거나 톱으로 깨끗하게 마무리해야 한다.

고지가위의 사용

고지가위는 사람의 손이 닿지 않는 높은 곳의 작은 가지를 자를 때 효과적이다. 지상에서 4m 높이에 있는 지름이 2cm 미만의 가지를 자르는 데 사용할 수 있다. 전정가위의 후크 밑에 있는 칼은 지렛대의 원리를 이용해 밑에 있는 끈을 당겨서 움직일 수 있다.

① 절단하려는 가지의 기부에 후크를 걸친다.

② 자르는 동안 고지가위의 몸체가 기울지 않도록 가위의 끈으로 가위 기둥을 한 번 감싼다.

작은 가지 절단

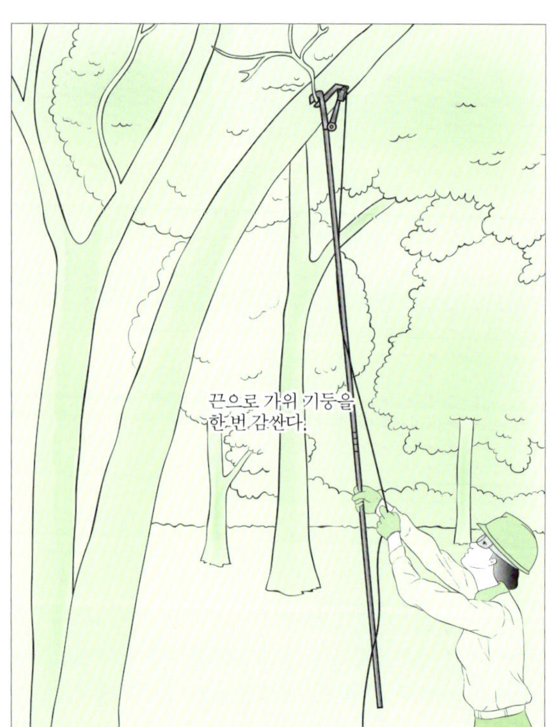

고지가위 사용

③ 끈을 빠르고 강하게 당겨 가지를 자른다.

가지의 길이를 줄이는 전정

① 정아頂芽, *terminal bud*는 가지의 끝에서 생장을 이끌어 나가는 중요한 싹이므로 전정하기 전에 잘라낼지 여부를 신중하게 판단해야 한다. 정아가 있는 가지를 절단하게 되면 가지의 생장력은 아래에 있는 곁눈으로 집중되어 아래쪽 가지가 활발히 발달하기 때문이다.

② 전정할 때는 반드시 좋은 가지나 곁눈이 있는 곳의 바로 위쪽을 선택하여 절단해야 한다. 곁눈이 없이 남겨진 가지의 밑부분은 부패하여 중심줄기에 피해를 줄 수 있기 때문이다.

③ 새 가지는 가능한 한 바깥쪽으로 자랄 수 있도록 전정하는 것이 좋다.

주의사항

전정도구를 잘못 사용하면 안전상 위험하므로 장갑을 끼고 작업을 해야 한다. 특히 고지가위를 이용해 작업할 때는 위에서 자른 가지나 줄기가 떨어질 수 있으므로 보호안경과 헬멧을 착용하는 것이 좋다.

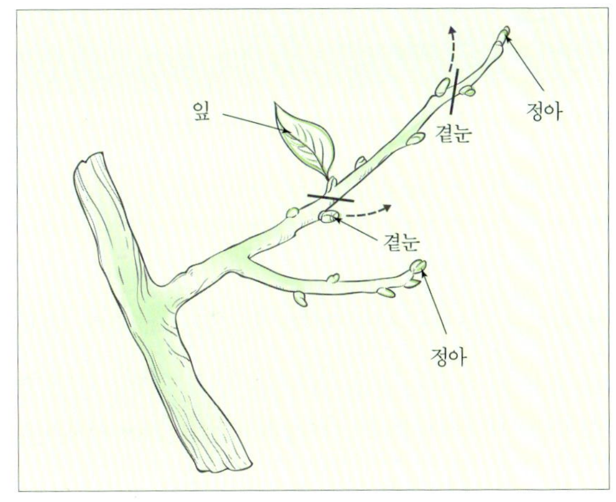

눈의 위치와 자라나는 방향

작은 가지의 전정 위치

가지를 솎는 방법

얽혀 있는 가지와 너무 빽빽하게 자란 잔가지나 웃자란 가지 등 불필요한 가지는 제거해야 한다. 가지를 적당히 솎아주면 수관 내부에서 자라는 잔가지가 말라 죽지 않으며, 흰가루병이나 깍지벌레 등 병충해의 발생을 예방할 수 있다.

가지 솎기는 2~3년에 한 번만 해도 충분한데, 낙엽수는 연중 언제든지 작업을 해도 되지만 낙엽이 진 뒤에 작업을 하면 솎아주어야 할 가지가 구분되기 때문에 상대적으로 작업이 쉽다. 상록활엽수나 침엽수는 겨울철 혹한으로 피해를 입을 수 있으므로 겨울철에는 가지솎기 작업을 피해야 한다.

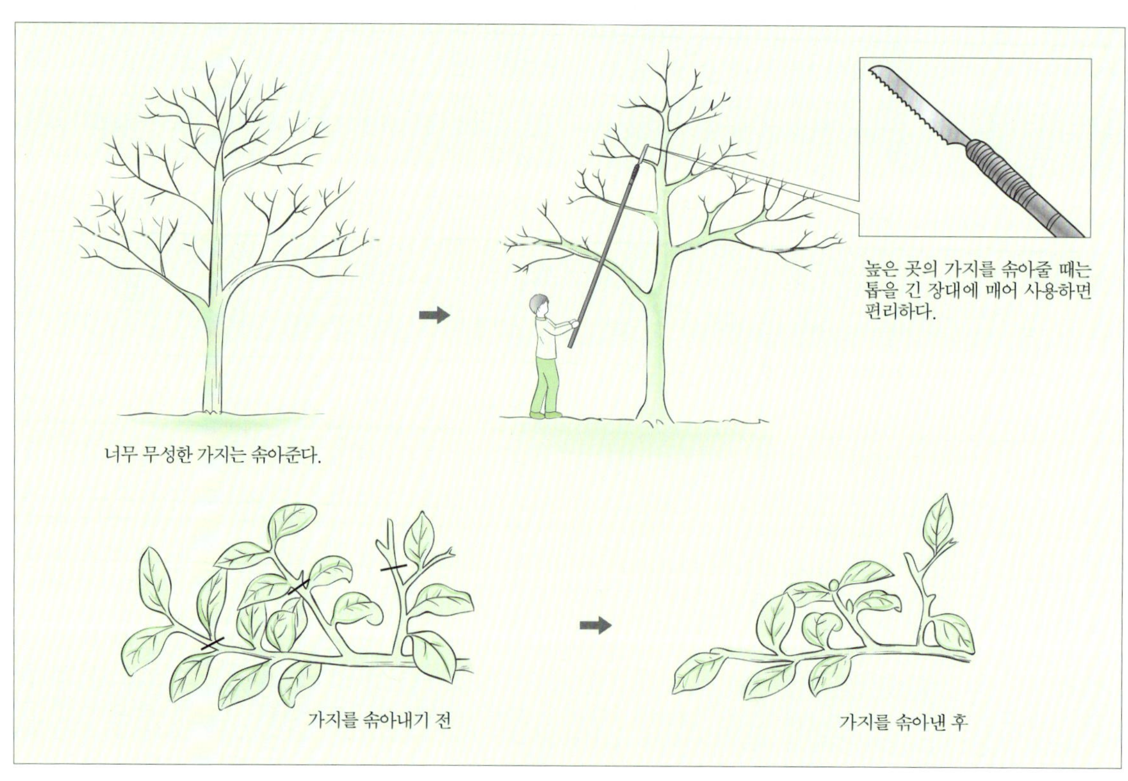

가지를 솎는 방법

관목 전정과 깎아 다듬기

전정은 관목을 관리할 때 가장 중요한 작업으로, 웃자란 가지나 병든 가지를 제거하고 꽃의 개화와 열매의 결실을 촉진하기도 하며, 관목의 모양을 다듬는 데 효과적인 방법이다.

도구

전정가위, 대형전정가위, 전정톱

생장을 촉진하기 위한 전정

① 가지가 별로 없는 부위에 새로운 가지가 나도록 유도하기 위해 곁눈이 있는 가지를 잡는다.

② 곁눈에서부터 5mm 정도 위쪽의 가지를 45°로 자른다.

생장을 촉진하기 위한 전정

손상된 가지의 절단

① 윗눈이 나온 부위의 위쪽이나 건강한 가지에 가장 가까운 부위를 잘라낸다.

② 병든 가지를 절단하였을 경우에는 사용한 가위나 톱을 알코올로 소독하여 다른 식물로 병이 전염되지 않게 한다.

손상된 가지의 절단

가지 솎아내기

① 허약한 가지, 병든 가지, 교차지, 내향지 등을 잘라낸다.

② 굵은 줄기는 생장할 수 있는 눈을 하나도 남기지 않고 측지를 기부와 가깝게 잘라낸다.

가지 솎아내기

장미의 약한 전정

장미의 강한 전정

③ 같은 방법으로 봄에 햇빛이 새로운 가지와 잎에 닿을 수 있도록 오래된 줄기의 1/3 정도를 솎아낸다.

장미의 가지 솎아내기

① 매년 가을, 꽃이 지고 난 후 첫서리가 오기 전까지 죽은 가지, 잔가지, 교차지 등을 제거하고 중심가지의 1/3을 잘라낸다.

② 봄에는 겨울에 손상된 줄기를 절단하고, 건강한 모든 가지에서 지름이 1cm 정도 되는 부위를 절단하여 둥근 모양으로 다듬는다.

③ 성장기에는 죽은 가지와 손상된 가지, 잔가지를 규칙적으로 다듬는다.

생울타리 깎아 다듬기

① 일정한 모양의 울타리를 만들기 위해서 울타리 끝에 말뚝을 박고 끈으로 기준선을 표시한 상태에서 다듬으면 좋다. 전동톱을 사용하면 작업이 훨씬 수월하다.

② 전동톱이나 전정가위를 울타리의 윗면을 따라 옮기면서 부드럽게 전정한다.

전동톱으로 생울타리 깎아 다듬기

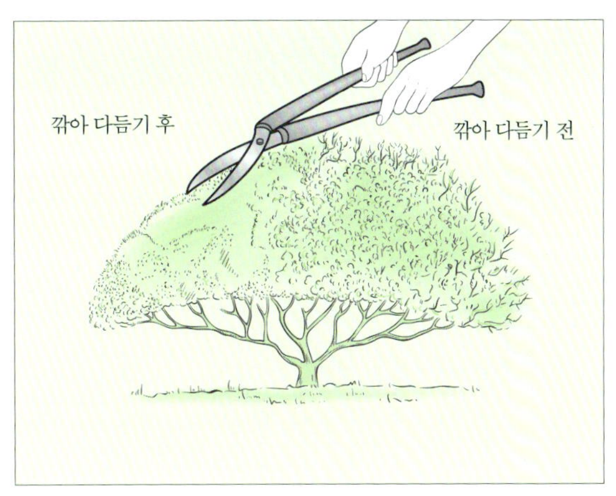

관목 깎아 다듬기

관목 깎아 다듬기

① 회양목, 선향, 옥향 같은 관목은 전정가위로 자연스럽고 둥근 모양이 되도록 다듬는다.

② 둥글게 자를 때는 날의 방향을 아래로 하여 자르는 것이 좋다.

주의사항

① 전동톱이나 전정가위를 이용한 작업은 안전상 위험하므로 주의해야 한다.

② 전정작업은 사전에 작업과정과 작업후 전정효과를 미리 예상하고 작업을 시작해야 한다.

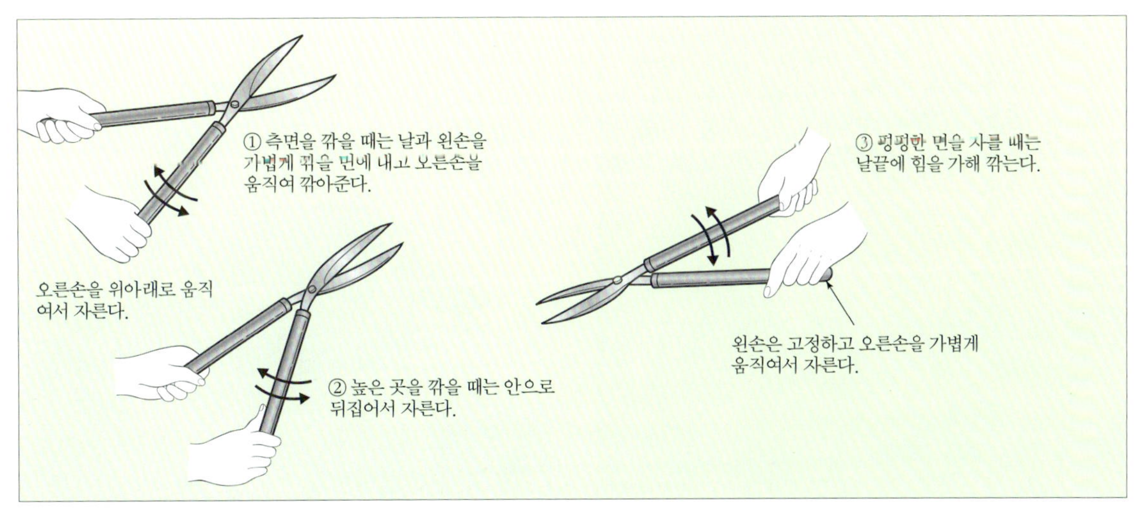

대형 전정가위 사용방법

토피어리 만들기

토피어리*topiary*는 식물을 다듬어 원하는 형태를 만들어내는 예술로서 로마시대 중기부터 시작되어 베르사유 궁원, 보르비콩트의 궁원, 알람브라 궁원 등 주로 유럽 정원에서 자주 사용되었다.

주로 향나무, 주목, 도금양, 으름덩굴, 마삭줄 등 맹아력과 생장력이 뛰어난 상록성 식물을 전정하여 원하는 형태로 만든다.

① 토피어리를 만들 식물을 심는다. 빠른 시간 내에 토피어리를 만들기 위해서는 어느 정도 성장한 나무를 식재하여 사용한다.

② 철사로 원하는 형태의 조형틀을 만든 후, 이것을 식물 위에 덮는다.

③ 식물이 성장하여 싹이 철사의 바깥쪽으로 나오기 시작하면 전정을 하기 시작하여, 점차적으로 철사로 만든 조형틀을 가득 채울 때까지 장시간에 걸쳐 전정하여 완성한다.

조형된 소나무

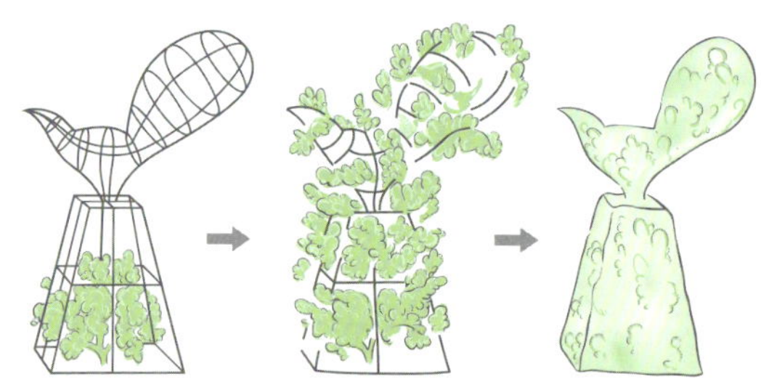

토피어리 만드는 과정

코끼리 모양의 토피어리

생장의 유도

관목이나 낮은 교목의 생장을 유도하는 것은 비교적 간단한 작업이다. 이러한 작업은 나무가 자라기 위해 반드시 필요한 것은 아니지만 나무의 상태를 더욱 좋게 만들 수 있다. 또한 개화와 결실을 원하는 상태로 조절하는 데 효과적인 방법이다.

도구

전정가위

순지르기

① 순지르기는 눈이 움직이기 전에 가지의 여러 곳에 나와 있는 눈 중에서 불필요한 것을 제거하고, 지나치게 자란 가지의 신장을 억제하기 위해 햇가지의 끝부분에 있는 순을 따버리는 것이다.

② 순지르기는 그 부분의 상장생장을 정지시키고 곁눈의 발육을 촉진함으로써 가지를 고르게 자라도록 하고, 개화를 촉진한다.

③ 순지르기는 상록수의 경우 7~8월경에 1회 정도 하는 것으로 충분하지만, 성장이 빠른 낙엽수는 이른 봄 새싹이 날 때 한 번 하고, 여름에 두 번째 순지르기를 한다.

순지르기

열매솎기

① 열매솎기는 가지에 열매가 열리기 시작할 때 일부 부실한 열매를 제거하여 남겨진 열매가 더욱 잘 크게 하는 것이다.

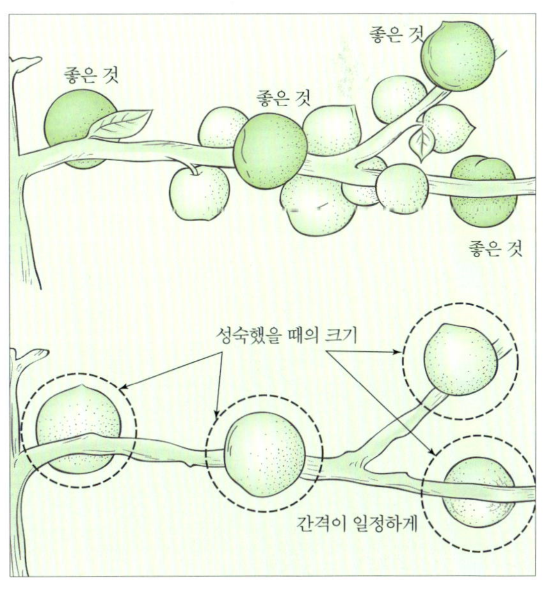

열매솎기

② 가지에 열린 열매 중 일정한 간격으로 생장상태가 좋은 것을 남기고 나머지 열매를 솎는다.

시든 꽃 제거

꽃이 시들면 제거하여 열매가 맺지 않도록 한다. 만약 시든 꽃이 열매를 맺으면 많은 양의 수분과 영양분이 분산되기 때문에 나무의 생장을 억제한다.

시든 꽃 제거

꽃눈 따기

꽃눈 따기

동백이나 장미와 같은 관목의 꽃은 실제 적정하게 개화할 수 있는 것보다 많은 꽃눈이 생기므로 꽃눈을 일부 따내어 나머지 꽃눈을 더욱 건강하고 크게 개화시킬 수 있다.

다년생 초화류 전정

① 다년생 초화류는 다음해 건강하게 생육하고 아름다운 꽃을 피우도록 하기 위해서 꽃이 지고 난 후 전체의 1/3~1/2 정도 전정을 해야 한다.

② 자연석 판석포장 등에서 자연스럽게 자라는 초화류는 꽃이 시든 후 전정가위를 이용하여 전정을 하면 정원을 깨끗하게 정돈할 수 있으며, 다음해 더욱 활력 있는 초화류의 생장을 기대할 수 있다.

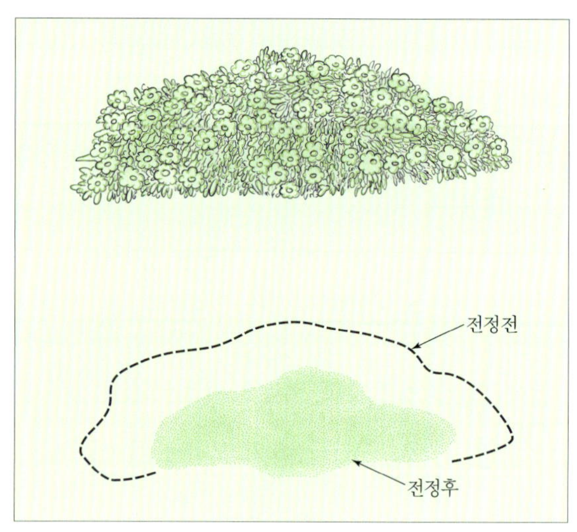

초화류 전정

토양

토양은 식물의 생육기반이기 때문에 식물이 건강하게 자라기 위해서는 토양의 입도, 투수성, 토양경도 등의 물리적 성질과 토양산도, 유기물 함량 등의 화학적 성질이 생육조건에 적합해야 한다. 이러한 조건이 갖추어지지 않으면 식물이 건강하게 자랄 수 없으므로 인위적으로 토양을 개선해 주어야 한다.

또한 인공 식재지반에서는 토양층의 깊이가 얕은 경우 식물생육에 지장을 초래하게 되므로 반드시 생존 및 생육을 위한 최소심도 이상으로 토양층을 확보하도록 해야 한다.

토양 문제의 해결

정원 내 식물생육이 부실하거나 식물이 죽는 사례가 많다면 토양의 상태를 의심해 보아야 한다. 이는 식물이 잘 자라지 못할 때 가장 흔한 원인이므로 정원에 식물을 심기 전에 토양의 상태를 미리 확인해야 한다.

토양의 상태를 판단하기 위해서 전문적인 지식이 필요하다면 경험이 많은 정원사, 조경가, 토양전문가의 도움을 받을 수도 있다.

우리나라의 토양은 지역에 따라 차이는 있으나 pH 5.0~5.5 정도의 약산성을 띠고 있다. 그러나 국지적으로는 식물이 생육하기 어려운 강산성과 강알칼리성 토양도 있다.

산성 토양

토양산도가 pH 5.0 이하인 강산성 토양에서는 칼슘(Ca) 등의 염기 용탈이 심해져 양분이 결핍되고 토양생물의 활성이 감퇴되어 질소고정작용도 부실해지며 유해이온이 증가한다. 토양의 산성화는 강수로 인한 염기류의 용탈과 과다한 산성비료의 사용 때문이므로 석회질비료나 유기질비료를 사용하여 칼슘 같은 염기류를 보충해 주면 좋다.

토양의 산도에 대한 적응은 식물에 따라서 다른데, 철쭉류, 소나무류, 난 등은 산성 토양에 잘 적응하는 식물종이다.

알칼리성 토양

알칼리성 토양은 해안지대의 임해매립지나 건조지대의 내륙지방에서 염류의 집적으로 중성이나 알칼리성을 띠는 토양을 말한다. 토양이 pH 7.5 이상으로 너무 높거나 나트륨(Na)이 우세한 양이온으로 되면 염류토양이 되어 수분이나 양분의 흡수가 저해되기 때문에 식물생장에 좋지 않은 영향을 끼치게 된다.

석고나 석회석 분말을 첨가하거나 황의 분말을 사용하여 개량할 수 있지만 과다한 비용이 들게 된다. 일반적으로는 물을 공급하여 배수를 좋게 하며 맹암거를 설치하여 배수시키면 토양 내의 과잉염류를 용탈하는 데 효과적이다.

알칼리성 토양에는 내염성이 강한 이팝나무, 양버즘나무, 중국단풍, 팽나무 등을 심으면 좋다.

영양 결핍

식물은 생육에 필요한 영양소를 토양으로부터 흡수하게 된다. 특히 질소(N), 인산(P_2O_5), 칼리(K_2O) 같은 주요 영양소의 공급과 미량원소의 공급을 적절히 해주어야 한다. 만약 이러한 영양소가 부족하거나 과다할 경우 이로 인한 피해가 발생할 수 있으며, 피해의 원인이 되는 영양소를 공급해 주거나 제거해 주는 등 적절한 조치를 해주어야 한다.

경운

식물은 심기 일주일 전에 깊게 경운하고 부식토를 섞은 다음 잘 혼합해야 한다. 즉, 식물이 잘 자랄 수 있도록 부드럽고 배수가 잘 되며, 영양이 충분한 토양을 미리 마련해야 한다는 뜻이다. 여기서는 삽과 경운기를 이용한 경운에 대해 살펴보겠다.

도구

둥근삽, 쇠스랑, 경운기, 살수시설

재료

퇴비, 비료

경운의 주의사항

흙을 경운하기 전에 날씨가 맑은지, 토양의 수분은 적당한지를 확인해야 한다. 다음은 경운과 관련된 몇 가지 주의사항이다.

● 경운에 적합한 흙의 수분함유 상태

흙이 지나치게 젖어 있다면 적당한 상태로 건조시켜야 하며, 지나치게 건조해서 흙이 단단하다면 물을 충분히 뿌린 후 무른 상태로 만들어서 경운한다.

흙의 수분함유 상태를 정확하게 측정하기 위해서는 함수율을 분석하여야 하지만, 간단하게는 손으로 흙을 쥐어 뭉쳐지고 부서지는 정도로 판단할 수 있다.

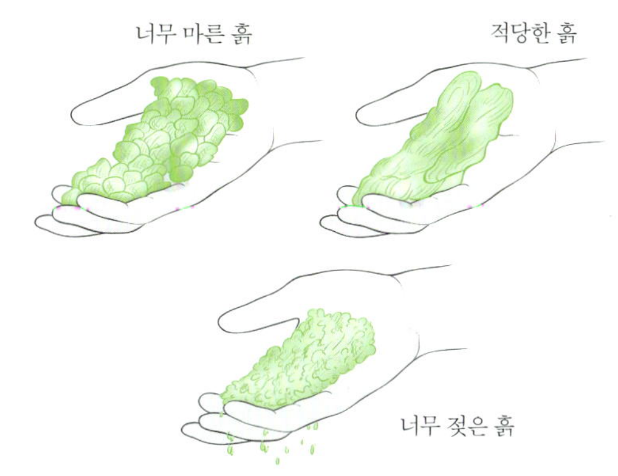

간단한 토양수분 측정 방법

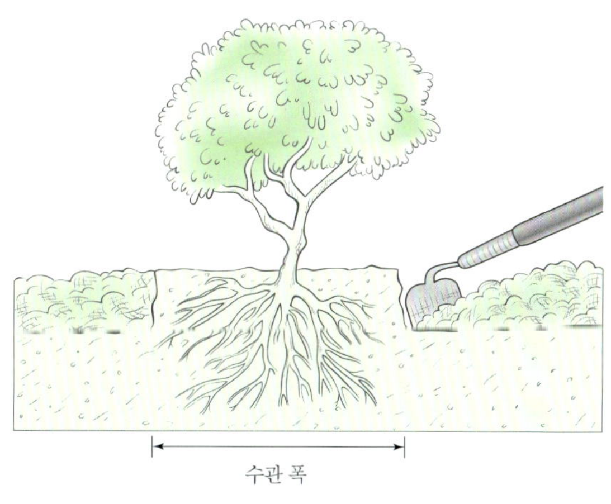

수목 주변의 경운

● 기존 수목 주변의 경운

이미 심어져 있는 수목 주변을 경운할 때는 뿌리에 너무 가깝게 경운하여 뿌리가 잘리지 않도록 하고 지나

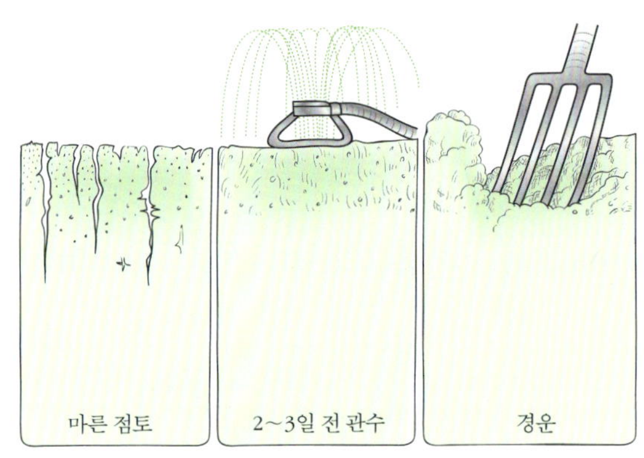

마른 점토질 흙의 경운

치게 깊지 않게 해야 한다.

● 마른 점토질 흙의 경운

점토질이 많은 흙이 말라 있을 경우에는 경운이 쉽지 않다. 이때는 경작하기 2~3일 전에 물을 뿌려서 충분히 흙을 적신 다음 작업을 하면 쉽게 경운할 수 있다.

● 토양의 유출을 줄이기 위한 경운

표면이 단단하고 경사진 토양은 장마철에 비가 많이 오게 되면 쉽게 유출현상이 일어나므로 이에 따른 토양의 유실과 침식이 심해진다. 미리 흙을 일구어 표면을 거칠게 하면 표면수가 지하로 스며들 수 있으므로 토양의 유실과 침식을 방지하고 식물 생육에 필요한 토양 수분을 확보할 수 있다.

삽을 이용한 경운

삽으로 경운을 할 경우에는 둥근 삽을 사용하는 것이 좋다. 둥근 삽은 끝이 뾰족해서 흙 속으로 삽이 쉽게 들어갈 수 있도록 되어 있기 때문에 단단한 땅을 경운할 때 사용하며, 아울러 밑부분이 오목해서 흙을 효율적으로 퍼 올릴 수 있으므로 경운을 하는 데 효과적이다. 또한 경운을 할 때 삽으로 흙을 파서 완전히 뒤집으면, 흙 속의 잡초, 낙엽 등의 이물질이 토양 내 수분과 공기의 유통을 방해하게 되므로, 흙을 파서 옆으로 밀어놓는 것이 좋다.

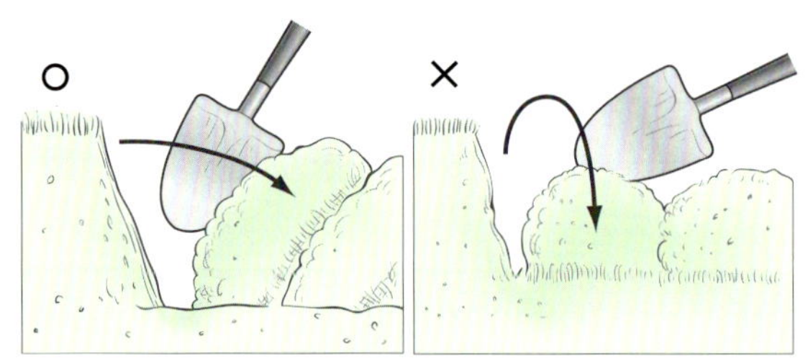

삽을 이용한 올바른 경운방법

경운 전 단단한 토양에서의 빗물 유출

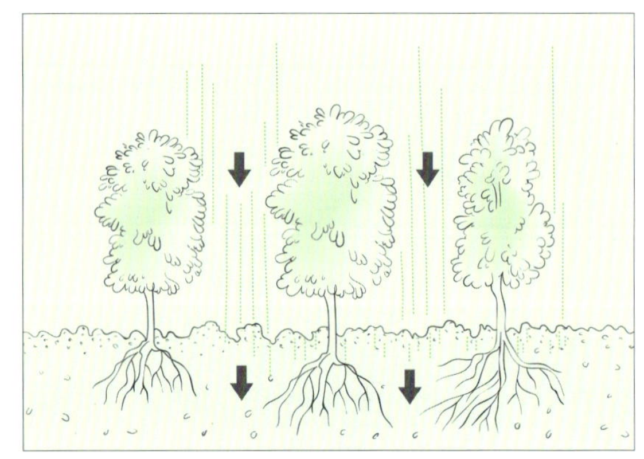
경운 후 수분 침투

첫 번째 흙 파기

두 번째 흙 파기

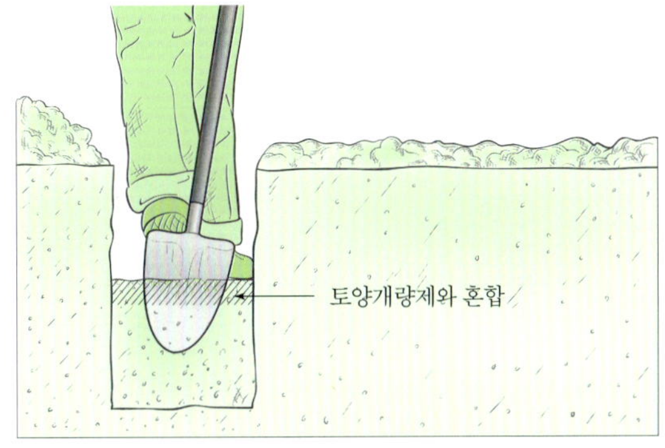

첫 번째 구획 토양개량제 혼합

두 번째 구획 토양개량제 혼합

깊게 경운하기

삽으로 깊게 경운을 할 때는 흙을 두 층으로 깊게 파서 유기물과 흙이 적절히 혼합되도록 한다.

● 화단의 흙 파기

넓이 30~50cm, 깊이 20~30cm 정도로 흙 파기를 한다. 흙 파기의 규격은 작업자에 따라서 달라질 수 있다.

● 첫 번째 구획의 토양개량제 혼합

토양개량제를 깊게 파낸 곳의 흙과 혼합한다. 위층 터파기가 끝나면 토양개량제를 더한 후 아래층의 흙과 고르게 혼합되도록 삽으로 섞는다.

● 옆 구획의 흙 파기

옆 구획의 흙을 파서 토양개량제와 혼합한 상태로 바로 전 구역의 흙 위에 올린다.

● 두 번째 구획의 토양개량제 혼합

토양개량제를 두 번째 구역의 흙과 혼합한다.

● 화단 전체 흙 파기 및 토양개량제 혼합

이러한 과정을 반복하면서 화단 전체의 흙을 토양개량제와 혼합하면서 경운한다.

경운기의 사용

경작할 지역이 좁은 경우에는 삽으로도 작업할 수 있지만 넓은 면적을 경작하기 위해서는 경운기를 사용하는 것이 좋다. 만약 토양이 단단하거나 경운기의 출력이 낮아 한번에 원하는 깊이로 경운을 할 수 없을 때는 경운기 날의 깊이를 조정하여 몇 차례로 나누어 경운해야 한다.

유기질 비료의 포설

● 토양개량제나 비료의 살포

흙 위에 유기질 비료를 5~10cm 정도의 두께로 뿌리고 갈퀴로 평평하게 고른다. 주요 영양소가 부족하다면 질소, 인산, 칼리 비료를 뿌린다.

비료 뿌리기

● 경운

한 방향으로 전체면을 경운하고 난 후, 직각으로 방향을 바꾸어 다시 경운을 한다. 이때 경운의 깊이는 20cm 정도가 좋으며 다시 토양개량제를 뿌리고 경운을 해도 좋다.

● 정리 및 고르기

경운 후 토양에 노출된 돌과 이물질을 제거하고, 경운된 토양을 평평하게 골라 잔디 및 수목식재가 가능하도록 한다.

경운기를 사용한 경운

최소 토양층의 확보

정원수는 뿌리를 깊이 내리는 것과 얕게 내리는 것이 있어서 전자를 심근성 수종, 후자를 천근성 수종이라 한다. 심근성 수종은 토양층이 깊은 곳에 식재해야 하고, 천근성 수종은 상대적으로 얕은 곳에도 식재가 가능하다. 교목은 관목류에 비해 큰 뿌리분을 붙일 필요가 있으므로 자연적으로 식재지의 토양의 유효심도가 깊어야 한다.

토양층의 깊이가 얕거나 인공지반인 경우에는 토양층의 깊이에 대한 제한을 받게 되는데, 이 경우에도 식물생존과 생육에 최소 심도를 고려해 식재하면 나무의 생육을 계속시킬 수 있다. 최소심도는 생육에 필요한 수분과 양분을 확보할 수 있는 동시에 근계의 생육이 가능한 깊이를 말한다.

식물생육에 필요한 토양의 최소심도

종류	생존최소심도	생육최소심도
잔디 · 초본	15cm	30cm
소관목	30cm	45cm
대관목	45cm	60cm
천근성 교목	60cm	90cm
심근성 교목	90cm	150cm

인공지반 식재지

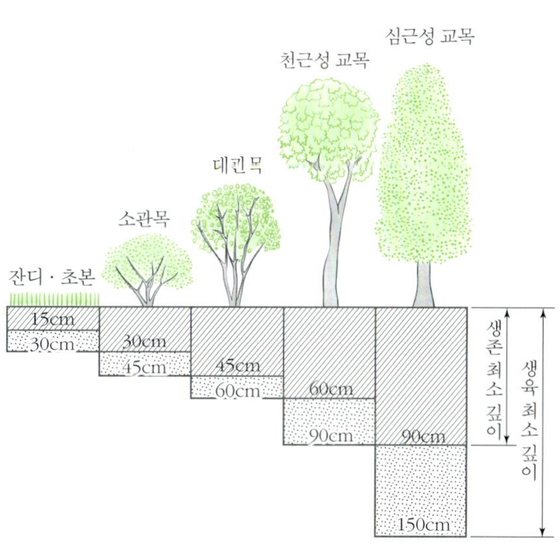

수목식재상 필요로 하는 최소 토양층의 깊이

퇴비 만들기

퇴비는 낙엽, 짚이나 동식물의 폐기물 등의 유기물이 여러 가지 미생물의 분해작용에 의해 원조직이 흑갈색으로 변색되고 변질된 상태의 자연비료이다. 퇴비는 토양의 상태를 개선하고 질소와 규산을 보충해 주며 미생물의 활동을 왕성하게 하기 때문에 식물의 생장을 돕는 데 효과적이다. 정원을 잘 만들고 관리하기 위해서는 인공적인 비료보다는 친환경적인 퇴비를 만들어 사용하는 것이 좋다.

도구

망치, 톱, 거름망, 쇠스랑, 삽, 운반수레

재료

철망, 목재(각재 · 판재), 고정철물, 못

퇴비발효방법

① 정원에서 퇴비를 만들기 위해서는 가을철에 낙엽이 지고 난 후 1～2m 깊이로 땅을 파고 여기에 낙엽을 모아 넣고 다시 흙으로 덮어 놓으면 된다. 그리고 이듬해에 충분히 발효가 되었을 때 파내어 사용하면 된다. 별다른 도구 없이 작업이 비교적 간단하고 대량의 퇴비를 만들 수도 있다는 장점이 있으나, 발효속도가 다소 느리고 발효 후 파내어 사용하기가 번거로운 단점이 있다. 특히 퇴비매립장소를 찾기 어려운 경우가 있으므로 매립한 장소를 표시해 두어 쉽게 찾을 수 있도록 해야 한다.

② 퇴비발효망은 넓이 1.0～2.0m, 높이 1.0～1.5m의 크기로 공기가 통할 수 있도록 측면이 망으로 되어 있고 한쪽은 여닫을 수 있게 해서 퇴비를 쉽게 꺼내어 사용할 수 있도록 만든 것이다. 비교적 간편하게 제작할 수 있고 발효상태를 확인하기 쉬우며, 빠른 시간에 발효를 유도할 수 있기 때문에 정원에서 사용하기에 좋다.

③ 퇴비발효상자는 퇴비발효망보다 개량된 방법으로, 원료, 분해과정, 부숙의 3단계에 필요한 3개의 상자로

퇴비발효망

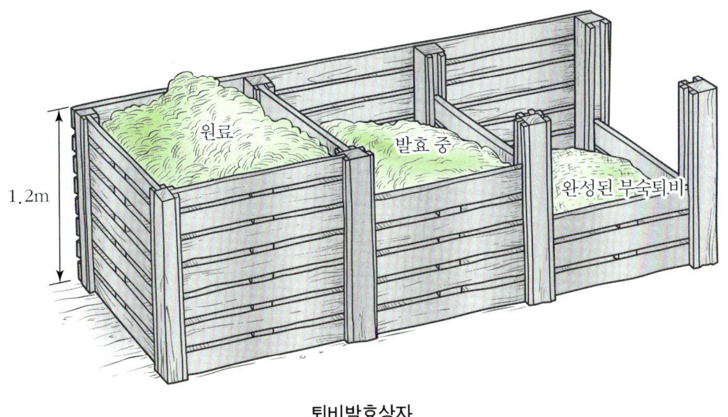

퇴비발효상자

나누어 구성되어 있어 체계적으로 퇴비를 만들 수 있다. 각 상자는 기둥과 기둥의 홈에 끼우는 측면 판재로 이루어져 있고, 공기가 통할 수 있도록 판재 사이에 일정한 간격이 유지되도록 하며, 쉽게 빼낼 수 있는 구조로 만들어야 한다. 퇴비발효망과 마찬가지로 퇴비의 발효상태를 확인하기 쉽고 빠른 시간에 발효를 유도할 수 있으며, 언제든지 퇴비를 사용할 수 있다는 장점이 있으나 상자를 제작하는 데 시간과 노력이 필요하다.

퇴비의 발효

퇴비는 온도, 습도, 사용하는 재료의 크기에 따라 만

퇴비의 발효상태 확인 및 뒤집어주기

퇴비 거르기

드는 시간이 달라지는데 퇴비발효망이나 퇴비발효상자를 사용하면 보통 2~6개월 정도가 걸린다. 만약 시간을 줄이고자 한다면 발효촉진제를 섞거나 사용하는 재료를 더욱 작게 분쇄하면 좋다. 또한 분해과정에서 박테리아나 곰팡이 등의 작용 때문에 열이 발생하게 되므로 가끔식 뒤집어주어야 한다.

퇴비의 이용

만약 퇴비가 적절하게 발효가 되었다면, 발생되는 열이 줄어들고 흑갈색을 띠게 된다. 이때 퇴비를 떠서 고운 망 위에 올려 거른 후 사용하며, 만약 부패되지 않았거나 입자가 크면 다시 원료상자에 넣어 발효시킨다. 퇴비는 보통 늦가을(10월 하순~11월 하순)이나 이른 봄(2월 하순~3월 하순) 잎이 나기 전에 주면 좋다.

☞ 주의사항

① 완전히 숙성된 퇴비는 낙엽이나 동물 사체의 원형을 알아볼 수 없으며 흑갈색으로 변한다. 미숙성 퇴비를 사용하면 추가적인 부패로 인해 식물이 피해를 입게 된다.

② 유기물의 발효과정에서 냄새가 날 수 있으며 시각적으로도 좋지 않을 수 있으므로 바람이 잘 통하고 시선으로부터 차폐된 곳에 발효시설을 설치한다.

유기물의 효과

식물생육을 위해서 토양은 유해물질이나 잡초, 병충해 등이 없어야 하며, 적당한 양의 수분과 양분을 유지할 수 있어야 한다. 유기물질인 퇴비, 토탄, 왕겨, 짚, 톱밥, 부엽토 등을 토양에 더하면 식물 생육에 필요한 양분을 공급해줄 뿐만 아니라 토양입자가 뭉쳐 입단구조를 갖게 하며, 위로부터의 답압이나 충격 등에 대하여 완충효과를 나타낸다. 이 완충효과는 토양 사이에 공기가 존재하게 하고 배수를 용이하게 하는 등 식물의 생육에 큰 이점을 제공한다.

비료 주기

비료 주기는 뿌리의 발달을 촉진시키고 줄기와 가지의 생장을 도모하며, 잎 · 꽃 · 열매의 결실을 촉진하기 위하여 나무에 천연 또는 인공의 양분을 공급하는 수목관리방법이다.

일반적으로 비료 주기는 어느 수목에나 일률적으로 적용할 수는 없다. 충분히 성숙한 나무일 경우에는 자체적으로 충분히 양분을 흡수할 수 있는 능력을 가지고 있으므로, 비교적 어린 나무나 유실수를 대상으로 비료를 주는 경우가 많다.

나무에 사용하는 비료는 액상 비료, 고형 비료, 유기질 비료 등 다양하며 비료의 종류와 양은 토양의 상태, 나무의 종류, 수세를 고려하여 결정한다.

비료를 줄 때 가장 좋은 시기는 모든 잎이 떨어지고 난 다음 겨울 동안 영양물질을 저장하기 시작하는 늦가을 10월 하순~11월 하순의 땅이 얼기 전까지 또는 이른 봄 2월 하순~3월 하순의 잎이 나기 전까지 발아와 개화를 돕기 위해 비료를 주는 것이 좋다. 웃거름은 생장기인 4월 하순~6월 하순까지 사용해야 한다. 그러나 어떤 경우든 비료를 과다하게 사용하는 것은 피해야 하며 어린 나무는 1년에 1~2회면 충분하고, 생육상태가 양호한 큰 나무는 3~5년에 한 번씩 비료를 주는 것이 좋다.

도구

오거*auger*, 비료살포기, 양분주입기, 가압 펌프통

재료

수용성 비료, 고형 비료, 분말형 비료, 유기질 비료

뿌리에 직접 비료 주기

① 나무의 수관선 바로 안쪽에 오거를 이용하여 45~60cm 간격으로 구멍을 뚫는다.

② 비료와 모래를 적절한 양으로 혼합하고 구멍에 삽입한다.

③ 즉시 충분한 양의 물을 뿌려서 비료가 토양으로 스며들게 한다.

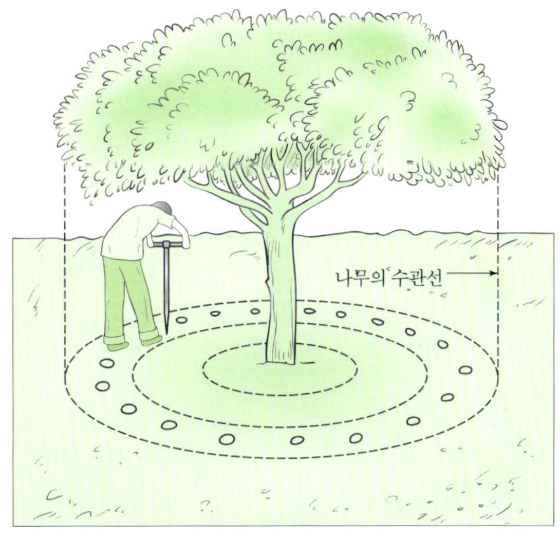

뿌리에 직접 비료 주기

④ 이 방법은 적절한 양의 비가 내리는 온화한 지역에서 사용하기 좋은 방법이다.

액상 비료 주기

① 나무의 수관선 안쪽을 따라 50cm 간격으로 주입기를 밀어넣는다.

② 호스를 주입기와 연결하고 조절 밸브를 열어 물과 혼합된 액상 비료가 흙 속으로 들어가게 한다.

액상 비료 주기

③ 튜브를 앞뒤로 움직이면서 천천히 땅속으로 0.6~1m의 깊이까지 밀어넣는다.

④ 돌아가면서 동일한 작업을 반복하여 전체에 비료를 준다.

⑤ 이 방법은 건조한 지역에서 토양 내로 즉시 양분을 공급하고자 할 때 적합하다.

표토 비료 주기

표토 비료 주기는 작업이 쉬우며 간편하지만 비료가 유실될 수 있다. 따라서 질소비료를 줄 때는 이러한 방법이 좋으나 인이나 칼리처럼 흡수가 느린 영양소를 줄 때는 바람직하지 않다.

표토 비료 주기

① 비료를 살포기에 넣고 원하는 양을 고르게 뿌린다.

② 나무의 수관선을 기준으로 하여 돌아가면서 비료를 준다.

토양 내 비료 주기

땅을 갈거나 구덩이를 파서 비료성분이 직접 토양으로 유입될 수 있게 하는 방법이다. 비교적 용해가 어려운 비료를 주는 데 효과적이다.

① 비료를 줄 구덩이는 원하는 형태로 파는데, 대체로 25~30cm 깊이가 적당하다.

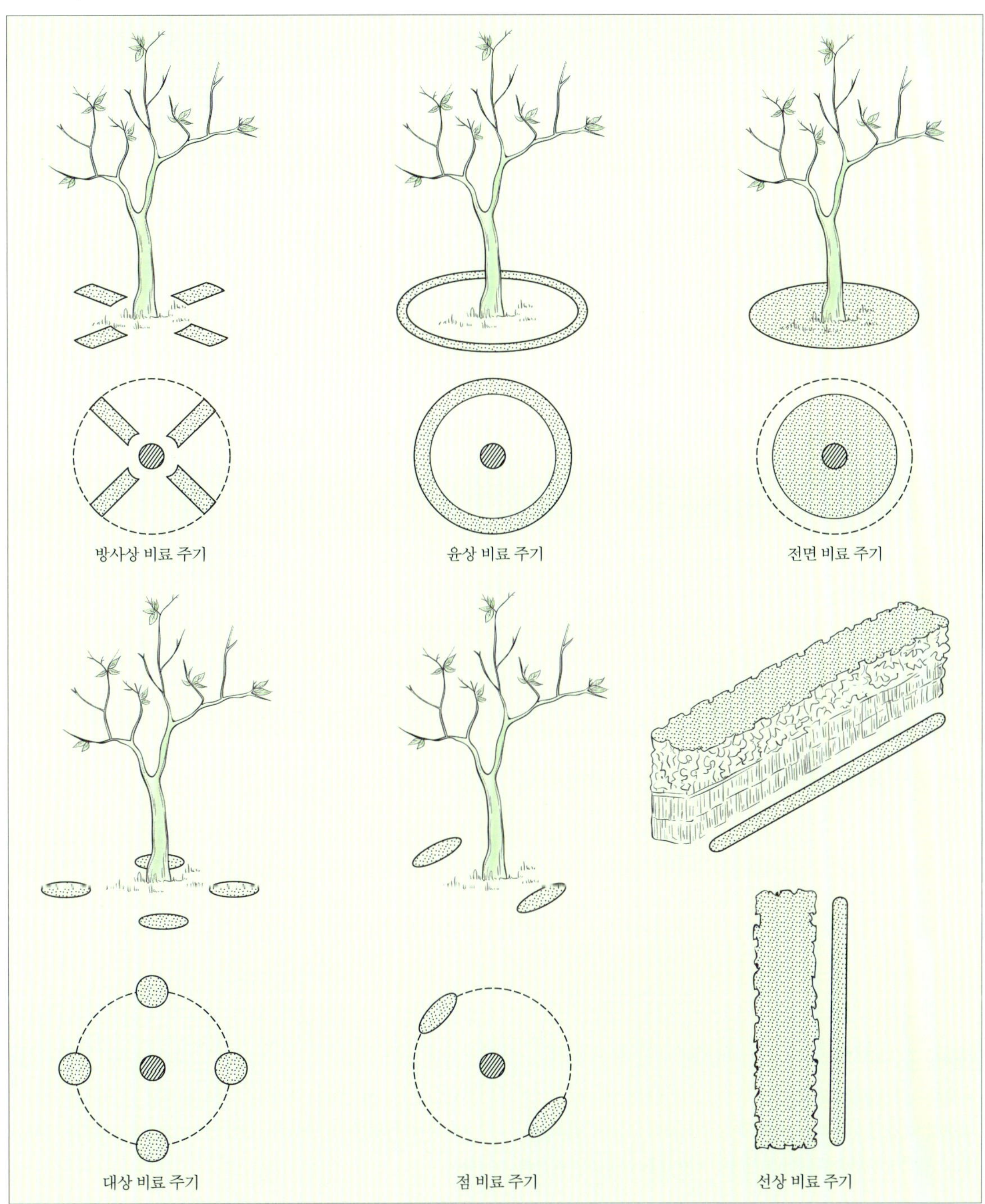

토양 내 비료 주기

② 흙을 파내고 고형이나 분말형, 유기질 비료를 넣고 흙을 덮는다.

③ 이 방법은 비가 많이 내리는 지역에 적합하다.

엽면 비료 주기

① 가압 펌프통에 물을 조금 넣고 액상 비료나 살충제를 넣은 다음 다시 물을 넣으면서 원하는 농도로 희석한다. 분말살충제는 미리 물과 혼합하여 적정한 농도로 조정한 것을 가압 펌프통에 넣어 사용해야 한다.

② 펌프통을 가압하기 위해 핸들을 여러 차례 들어올려 가압한다.

③ 노즐을 분무하는 곳을 향해 맞춘 후 손잡이를 당겨 살포한다.

④ 필요한 경우에는 노즐의 끝을 돌려 살포량을 조절한다.

⑤ 압력이 저하되면 다시 핸들로 다시 가압한다.

⑥ 이 방법은 습도가 높은 지역에서 사용하기에 적절하며 늦은 오후나 밤에 사용해야 한다. 바람이 부는 날에는 비료를 주지 않는다.

엽면 비료 주기

☞ 주의사항

① 비료를 과다하게 주어 뿌리나 잎이 타지 않도록 주의한다.

② 비료를 줄 때는 안전을 위하여 마스크와 장갑을 착용한다.

비료오염

식물피해의 원인이 되는 중금속 등 토양오염물질을 함유한 비료를 사용할 때 중금속 등이 비가역적으로 축적되어 토양이 오염될 수 있다. 더구나 비료를 과다하게 시비함에 따라 질소나 인이 호수로 흘러들어 과다한 조류가 발생하고 악취와 독성 물질이 발생하는 호수의 부영양화를 야기하므로 적정량의 비료만을 사용하는 것이 좋다.

식물의 번식

정원에서 자라는 식물을 번식시키는 것은 새로운 수목을 식재하는 것만큼이나 활기 있는 정원을 만드는 흥미로운 기술이다. 식물의 번식법에는 종자번식, 숙근초나 관목의 포기나누기, 구근류의 분구, 수목류의 실생 · 꺾꽂이 · 휘묻이 · 접붙이기 등의 무성번식이 있다. 식물을 잘 번식시키기 위해서는 식물의 고유한 특성을 고려해서 그에 맞는 적절한 방법을 이용해야 한다.

종자번식

종자번식은 많은 식물을 번식시킬 수 있는 저렴한 방법이다. 종자는 종묘회사에서 생산하여 판매하는 것을 사용할 수 있으나 때로는 정원에서 직접 종자를 채취하여 발아시키는 것도 흥미로운 방법이다.

화초의 종자는 일반적으로 저온건조 상태에서 저장해야 하며, 직접 채취한 단풍나무류, 벚나무류, 은행나무, 잣나무, 느티나무, 백합나무, 목련류 등의 교목이나 관목의 종자는 1～3년 동안 노천에 매장을 하거나 포대에 넣어 건조한 흙이나 모래에 묻어두었다가 이듬해 봄에 심는 방법 등이 있다.

종피가 딱딱하여 수분을 통과시키지 못하는 경실硬實, *hard seed*을 가진 소나무, 등나무 콩과 식물 따위는 물, 황산, 상해 등의 처리를 하여 물을 통하게 한 뒤 심는다.

1～2년생 화초나 채소의 종자는 보통 씨를 화분이나 상자에 뿌리고, 종자가 큰 것은 묘판에 직파한다. 꽃나무나 과수의 실생은 한 번에 많은 모종을 얻을 수 있지만 전대의 유전형질이 그대로 전해지지 않으므로 보통은 접붙이기로 한다.

도구

화분, 목재 누름판, 원형 체, 번식기, 플라스틱 막대, 연필, 모종판

재료

종자, 퇴비

종자번식 과정

① 퇴비와 고운 흙을 섞어 화분이나 종자쟁반을 채우고 누름판으로 누른다.

② 종자를 얇게 흙 위에 뿌린다.

③ 흙을 체로 쳐서 종자의 2～3배 두께로 덮는다.

④ 종자가 씻기지 않도록 조심스럽게 물을 주거나 화분의 흙이 물을 완전히 흡수하도록 물그릇에 넣어 둔다.

⑤ 간편하게는 화분을 유리나 거적으로 덮고 직사광선이 들지 않는 따뜻한 곳에 두거나 종자번식기 안에 넣고 발아할 때까지 기다린다.

⑥ 종자에 충분한 수분을 공급하면서 파종 후 4～5일이 지난 후에 묘종이 싹이 텄는지 확인하고, 종자가 발아하여 모종의 잎이 4～5개가 나서 다룰 수 있을 정도로 크면, 잎을 손으로 가볍게 잡고 플라스틱 막대로 모종을 떠낸다.

⑦ 퇴비와 고운 흙을 섞어 채운 모종판에 연필로 흙을 눌러 홈을 만든 후 모종을 심는다. 즉시 물을 충분히 준다.

주의사항

① 모종을 모종판으로 옮겨 심을 때 줄기를 잡으면 손상되므로

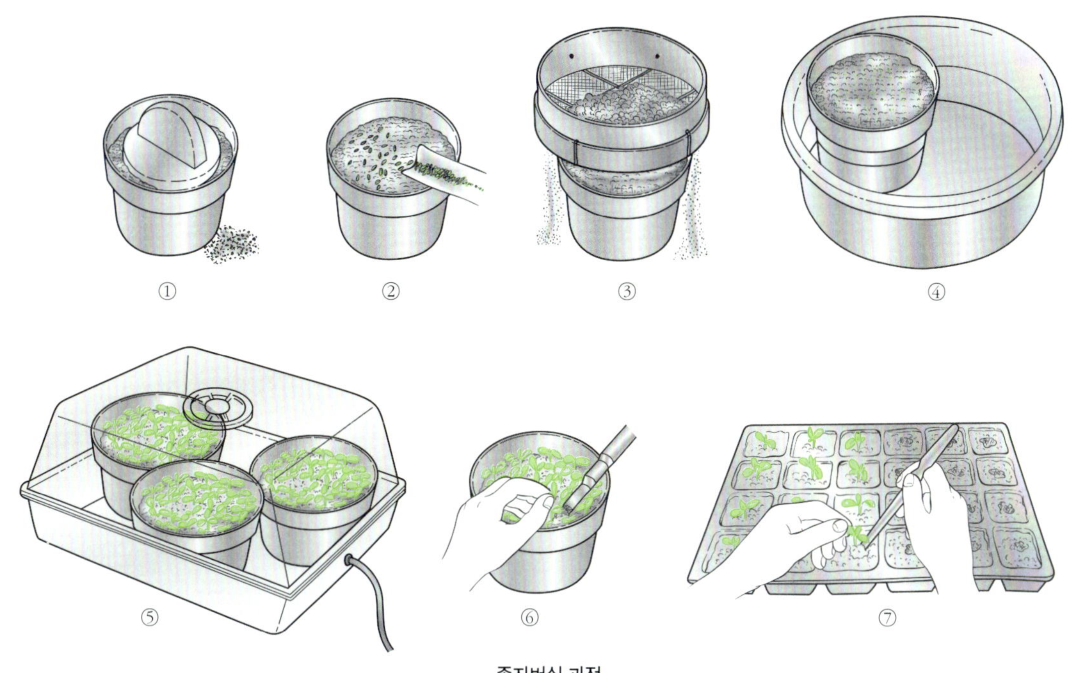

종자번식 과정

주의한다.

② 종자발아를 위해서는 부드럽고 배수가 잘되며, 수분을 잘 함유할 수 있는 토양이 필요하다. 여기에는 피트모스, 양토, 부엽토 등이 혼합되어 있는데, 실제 종자발아용 토양은 체눈이 5mm 정도인 체로 쳐서 걸러진 것을 사용해야 한다.

③ 토양으로 인하여 종자에 병이 생기지 않도록 예방하기 위해서 씨앗을 살균제로 소독을 하면 좋다.

종자의 저장

종자는 성숙한 과실로부터 채취되어야 하며, 일단 채취된 종자는 과육을 핵으로부터 깨끗이 제거한 다음 휴면타파를 위해 노천에 종자와 모래를 교대로 층을 형성시켜 가면서 매장하도록 하고 저장 중에 과다한 수분에 의해 피해를 입지 않도록 물 빠짐에 유의해야 한다. 만약 노천매장 대신 냉장고를 이용한다면 7℃ 이하로 70일 정도 보관하면 휴면을 타파할 수 있다. 저장 중에는 종자의 부패 방지를 위하여 톱신수화제와 같은 살균제로 살균하고 음지에서 건조시킨 다음 저장하는 것이 좋다.

꺾꽂이

무성생식법의 하나로서 어미나무의 소질을 그대로 계승할 수 있는 이점이 있으며 동백나무류, 철쭉류, 치자나무, 등나무, 병꽃나무, 개나리, 장미 등 정원수의 번식에 이용된다.

꺾꽂이에 의한 번식은 원예가들이 모종을 만들기 위해서 자주 사용하고 있으며 일반인도 쉽게 식물을 번식시킬 수 있는 좋은 방법이다.

꺾꽂이의 적기는 수종에 따라 다르지만 낙엽수와 침엽수는 싹트기 전(2월 중순~3월 중순), 상록활엽수는 싹트기 전(3월 중~하순)과 장마철(6~7월)이 좋다.

같은 수종이라도 품종과 개체에 따라 발근성이 다른데 일반적으로 발근이 쉬운 것은 삼나무 · 노간주나무 · 포플러류 · 버드나무류 · 동백나무류 · 아까시나무 등이고, 발근이 잘 되지 않는 것은 소나무류 · 낙엽송 · 전나무 · 솔송나무 · 졸참나무 · 자작나무 · 호두나무 · 너도밤나무 등이다.

도구

칼, 연필이나 막대기

재료

꺾꽂이 가지, 모판, 모래, 피트모스, 식물 호르몬제〔나프탈렌아세트산(NAA), 인돌아세트산, 인돌부티르산〕

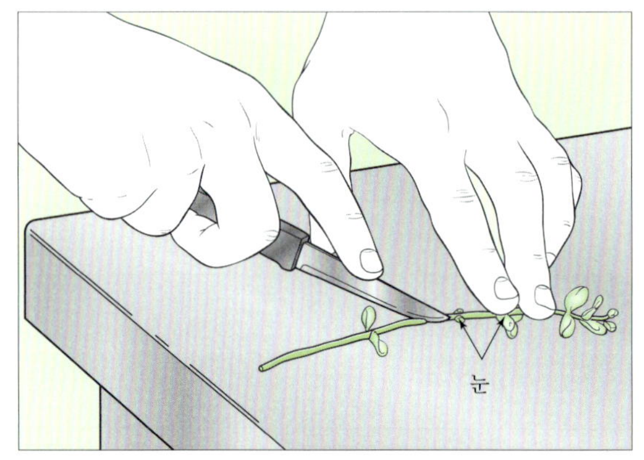

꺾꽂이 가지 만들기

꺾꽂이 가지 만들기

① 생육상태가 좋은 나무의 줄기에서 10~30cm 길이의 가지를 잘라낸다. 이때 가지에는 3~5개 정도의 마디가 있어야 한다. 봄에 꺾꽂이를 할 경우에는 전년도 가지를 사용하고 장마철에는 새 가지를 사용한다.

② 날카로운 칼로 마디의 바로 아래쪽을 비스듬히 깨끗하게 잘라낸다.

꺾꽂이 준비

① 가지에 달려 있는 꽃이나 눈을 잘라낸다. 만약 이러한 것이 남겨지면 삽목에 형성될 뿌리에 공급되는 영양물질을 빼앗기게 된다.

② 꺾꽂이를 해서 묻을 부분에 잎이 있으면 가지의 겹질이 벗겨지지 않게 주의하면서 따낸다.

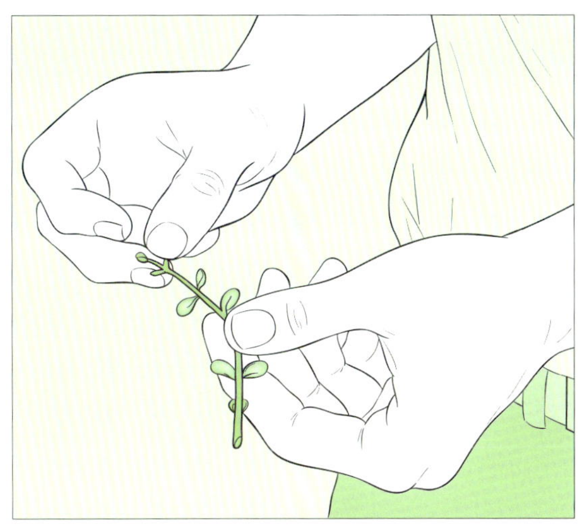

꽃이나 눈 제거

꺾꽂이 가지 심기

③ 자른 가지의 끝을 조금 마르게 한다. 만약 잎이 시든다면 축축한 천에 놓아둔다.

꺾꽂이 가지 심기

① 보통 꺾꽂이 가지는 맨땅에다 심기도 하지만 화산회토양·모래·물이끼를 섞은 것이나 버미큘라이트·펄라이트 등을 넣은 화분이나 상자에 심으며, 온실이나 묘상에 심는 경우도 있다. 최근에는 미스트법 *mist method*이라고 하여 온실에서 언제나 분무할 수 있는 장치를 사용하여 전에는 꺾꽂이가 어려웠던 것도 쉽게 활착시킬 수 있고 1년 내내 꺾꽂이가 가능하게 되었다.

② 막대기나 연필로 모판에 삽목의 1/3~1/2이 들어갈 정도의 깊이와 8~12cm 간격으로 구멍을 낸다.

③ 꺾꽂이 가지의 잘린 끝부분을 뿌리성장을 촉진시키는 식물 호르몬제에 담근 후, 구멍에 심고 주변을 눌러 심는다.

④ 모든 꺾꽂이 가지를 심고 난 후 모판 전체에 고르게 물을 준다. 모판의 흙이 건조해지지 않도록 적절한 때 물을 준다.

⑤ 모종이 밖에서 살 수 있을 정도로 클 때까지 모판을 얇은 유리나 비닐로 덮어 햇빛을 가려준다.

⑥ 모판을 따뜻한 온실이나 방에 놓고 직사광선을 쬐지 않도록 한다.

⑦ 새잎이 나면 모종을 이식해도 좋다.

포기 나누기

포기 나누기는 종자파종이나 꺾꽂이보다 쉽게 지피류를 번식시킬 수 있는 안정적인 좋은 방법이다. 또 빠른 시간 내에 포기가 활착하므로 번식효과도 뛰어나다.

도구

모종삽, 갈퀴

뿌리 들어올리기

① 포기 나누기를 하려는 지피류가 심겨져 있는 땅을 부드럽게 하기 위해 2~3일 전에 물을 뿌린다.

② 모종삽이나 갈퀴를 이용해서 8~12분얼이 포함될 정도의 크기로 땅을 파낸다.

포기 나누기

① 덩어리를 흔들어 뿌리가 나오게 한 후 조심스럽게 여러 포기로 분리한다. 이때 물로 씻어낼 수도 있다.

② 시들거나 누렇게 변한 포기는 버리고, 2~3분얼은 원래 심었던 곳에 다시 심고 나머지는 새로 만든 구덩이에 옮겨 심은 후 물을 충분히 준다.

뿌리 들어 올리기

포기 나누기

휘묻이

어미그루에 달린 채 발근을 시킨 다음 식물의 일부를 잘라내어 새로운 독립된 개체를 만드는 번식법으로, 동일한 종류의 관목을 번식시키기 위한 효과적인 방법이다.

작업이 쉽고 확실하여 품종의 특성을 그대로 이어받기 때문에 이듬해에 꽃이나 열매를 맺는다. 휘묻이를 하기에는 6~7월이 가장 적합한 시기이지만 낙엽수는 봄철 발아 전에 해도 좋다.

도구

전지가위, 삽, 모종삽

재료

유기질 토양, 발근촉진제, 호르몬제, 쐐기, X자형 막대기, 피트모스, 모래

휘묻이에는 고취법高取法과 저취법低取法이 있다. 고취법은 석류·매화나무 등 2~3년생의 세력이 좋은 가지를 1~2cm 폭으로 껍질만을 둥글게 박피하고 물이끼로 싼 다음 비닐로 덮고 위아래를 잡아맨다. 건조하지 않도록 물을 주고 발근이 되면 어미그루에서 잘라낸다. 한편 저취법은 수국·덩굴장미같이 밑가지가 지표 가까이에서 많이 나오는 것이나 길고 휘청거리는 것을 다음과 같은 방법으로 발근시키는 것이다.

가지 상처내기

① 이른 봄에 관목의 건강한 아랫가지를 길이 30cm 정도 땅에 닿게 구부리고 땅에 닿는 부분에 15cm 정도의 깊이로 구멍을 판다.

② 가지를 구멍 속으로 넣고 구멍의 가운데에 위치한 부위를 예리한 칼로 비스듬히 절반 정도 자른 다음 쐐기를 끼워넣는다.

③ 쐐기를 끼워넣은 곳에 발근촉진제, 호르몬제를 뿌린다.

가지 고정

① 표토, 피트모스, 모래를 같은 양으로 혼합하여 구

휘묻기 준비

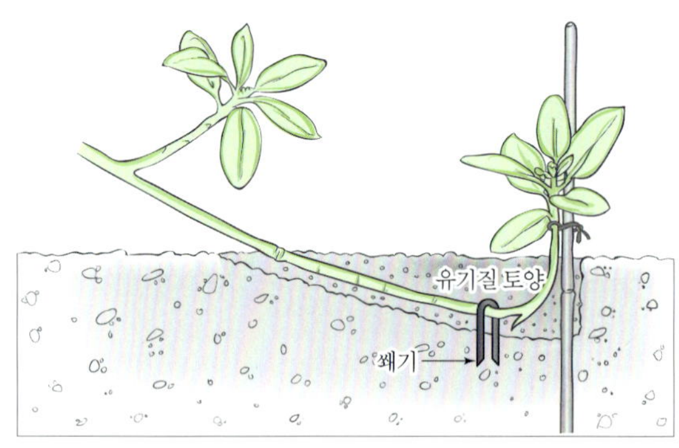

쐐기로 고정하고 지지대 설치

멍의 1/4 정도를 채운다.

② 가지를 구부려 절단된 부위가 아래로 향하게 한 다음 혼합토로 덮고 이것을 움직이지 않도록 쐐기와 지지대로 고정하거나 X자형 막대로 고정한다.

③ 유기질 토양으로 구덩이를 채운다. 이때 가지의 15cm 정도는 땅 위로 나오게 해야 한다.

④ 흙에 물을 주어 충분히 스며들게 하고 X자형 막대에 돌을 올려 놓아 가지가 흔들리지 않게 한다.

가지 고정

새 가지 분리

① 휘묻이를 한 가지에 피해가 없도록 잘 관리한 다음 이듬해 봄에 가지를 파낸다.

② 흙을 깨끗이 털어내어 절단한 부위에 뿌리가 형성되었는지 확인한다.

③ 3~5개 정도의 뿌리가 형성되어 있다면 새 가지를 옛가지와 분리한다.

④ 가지를 분리하여 새로운 가지를 얻은 다음 원하는 곳에 심는다.

새 가지 분리

주의사항

① 가지에 상처를 내고 묻어둔 곳을 표시해 두어 사람들의 접근을 차단한다.

② 발근촉진제는 유통기한이 지나지 않은 것을 사용한다.

③ 새롭게 난 뿌리가 손상되지 않도록 가지를 분리한다.

접 붙이기

접 붙이기는 한 나무에서 다양한 종이 생장할 수 있게 만드는 방법으로 포기 나누기, 휘묻이, 꺾꽂이와 함께 식물 무성생식의 한 방법이다. 잣나무 · 매화나무 · 등나무 · 단풍나무류 등과 과수의 꺾꽂이가 어려운 경우에 이용된다. 시기는 일반적으로 싹트기 전 2~3주간이 알맞으며, 낙엽수 · 침엽수는 2월 중순~3월 하순, 상록활엽수는 4월 초순~5월 상순이 좋다.

접을 붙이기 위해서는 접을 붙이고자 하는 접지*scion*와 접본*stock*의 형성층(나무껍질과 물관부 사이의 얇은 층)이 완전히 일치되어야 한다. 식물학적으로 같은 과의 서로 비슷한 종은 접붙이기가 쉽다. 그러므로 초보자는 같은 종류의 나무로 접붙이기를 연습하고 어느 정도 숙달된 후 비슷한 종 사이의 접붙이기를 하면 성공률을 높일 수 있다.

도구

칼, 망치, 날칼, 막대

재료

접목용 왁스, 종이봉지, 테이프

혀접

혀접*whip grafting*은 작은 접지와 접본을 접합할 때 알맞은 방법이다. 접지와 접본의 면은 서로 같아야 하며, 예리한 칼로 한 번에 잘라야 한다.

① 접본은 눈에서부터 5cm 정도로 자르고 예리한 면도칼로 비스듬하게 면을 깎는다. 이때 잘라낸 면은 엄지손가락(2.5~4cm) 정도의 폭으로 하고 한 번에 평평하게 깎는 것이 중요하다.

② 접본과 같은 크기의 접지를 골라 싹이 바깥쪽으로

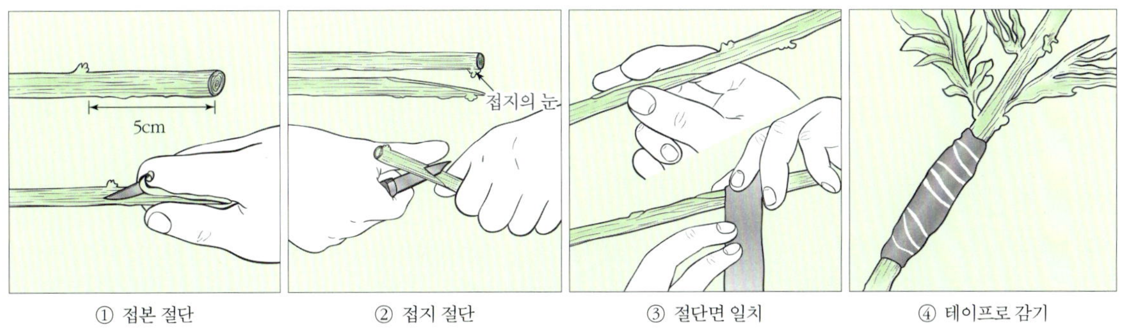

① 접본 절단 ② 접지 절단 ③ 절단면 일치 ④ 테이프로 감기

혀접의 과정

향하게 한 다음 접본의 절단면과 같은 넓이로 자를 부위를 표시하고 비스듬하게 절단한다.

③ 접지의 절단면을 접본의 절단면에 붙인 후 테이프로 가운데에서 끝쪽으로 감아나간다.

④ 여기에 테이프로 3~4번 덧감아 단단하게 한다. 이후 새로운 싹이 자라면 접붙이기가 성공적으로 이루어진 것이다. 테이프는 그대로 두거나 3년 후에 제거한다.

쪼개접

쪼개접*cleft grafting*은 유실수의 굵은 접본(10~25cm)과 작은 접지를 접목할 때 많이 사용된다. 접목 시기는 휴면기나 생리적인 활동이 시작되려고 하는 봄이 가장 좋다.

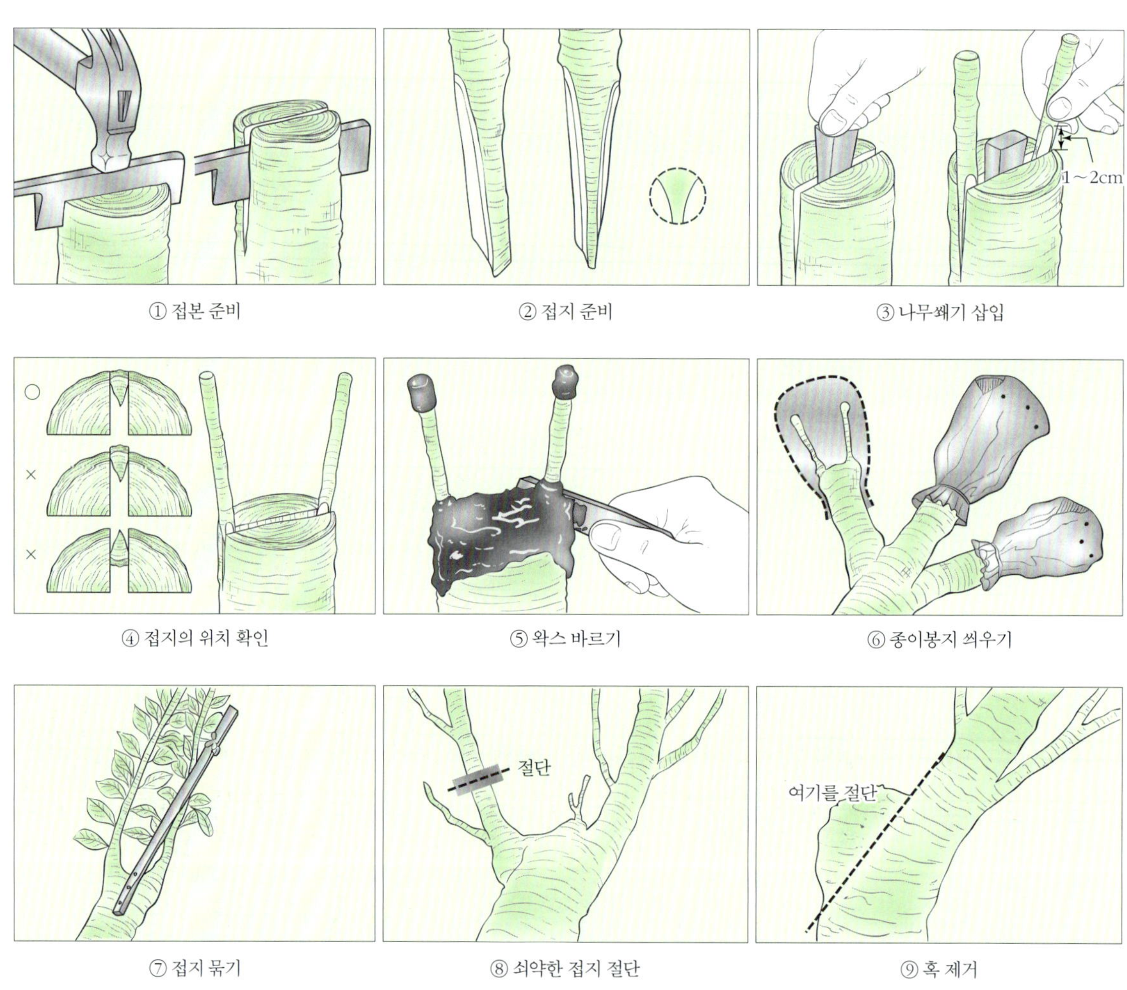

① 접본 준비 ② 접지 준비 ③ 나무쐐기 삽입
④ 접지의 위치 확인 ⑤ 왁스 바르기 ⑥ 종이봉지 씌우기
⑦ 접지 묶기 ⑧ 쇠약한 접지 절단 ⑨ 혹 제거

쪼개접 하는 과정

① 날칼로 접본의 중앙부분을 15cm 정도 깊이로 절단한다.

② 접지를 얇은 쐐기 모양으로 깎는다.

③ 별도로 만든 나무쐐기를 접본의 틈에 삽입하여 접본이 벌어지게 한 후 여기에 접지를 양 끝쪽에 끼워넣는다.

④ 이때 접지와 형성층이 일치하고 접지의 절단면이 외부로 1~2cm 정도 노출되게 한다.

⑤ 절단한 모든 부위에 접목용 왁스를 바르고 비가 오거나 갈라지면 다시 바른다.

⑥ 날씨가 매우 춥거나 건조하면 종이봉지로 감싸고 종이봉지에 구멍을 뚫어놓아야 하며, 기온이 29℃ 이상이 되면 벗긴다.

⑦ 생장이 시작한 후 접지를 지탱하기 위해 5cm 폭의 띠를 대어 움직이지 않게 한다.

⑧ 접목한 그 해의 말에 수세가 약한 접지 1개를 절단한다.

⑨ 절단된 부위는 점차 튀어나오므로 남겨진 접지의 성장방향에 맞추어 잘라낸다.

T자형 눈접

T자형 눈접*T-budding*은 가지 대신 그 해에 형성된 눈을 접지로 이용하는 방법이다. 접붙이기에 실패하더라도 다시 할 수 있으며, 나무에 피해를 입히지 않는다. 접을 붙이는 시기는 눈이 충실해지고 나무껍질이 잘 벗겨지며 형성층의 활동이 왕성한 8월 중순부터 9월 상순까지가 좋다.

① 지름이 0.5~1.5cm인 가지 위에 수직으로 길이

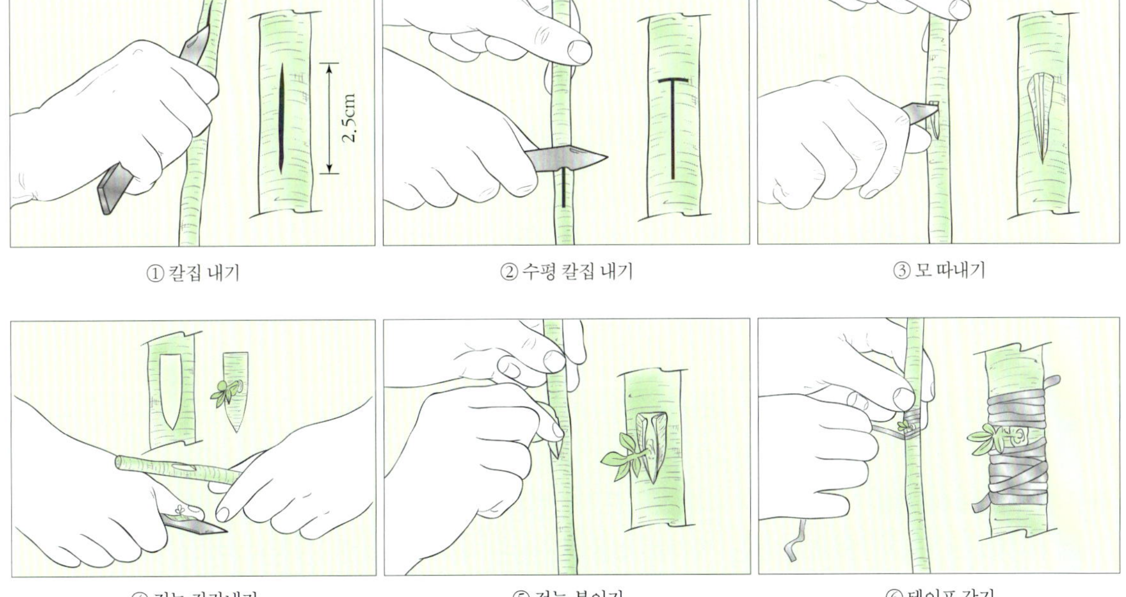

① 칼집 내기 ② 수평 칼집 내기 ③ 모 따내기

④ 접눈 잘라내기 ⑤ 접눈 붙이기 ⑥ 테이프 감기

T자형 눈접의 과정

2.5cm 정도 칼집을 낸다. 이때 접눈과 경쟁이 되는 주변의 잎을 모두 제거한다.

② 수직으로 절단한 부위의 위쪽에 가지 둘레의 1/3 정도를 돌려가며 수평으로 칼집을 낸다.

③ 수평으로 칼집을 낸 부분과 수직으로 칼집을 낸 부분을 삼각형으로 연결하여 잘라낸다. 이를 모따내기라 한다.

④ 접눈은 강한 것을 골라 방패 모양으로 목질부가 포함되게 자른다.

⑤ 접눈이 손상되지 않도록 조심스럽게 홈으로 밀어 넣는다.

⑥ 테이프로 접눈의 목질부와 가지를 감싸고 접눈은 밖으로 나오게 한다.

☞ 주의사항

성공적인 접목을 위해서는 충분히 연습해서 기술을 숙달시켜야 한다.

접을 붙이는 식물

정원에 심는 사과, 배, 복숭아, 자두, 포도와 같은 과일나무는 접붙이기에 의해서 크고 맛있는 열매를 얻을 수 있으므로 정원을 가꾸는 재미를 더하기 위해서 접붙이기를 시도해 보는 것이 좋다. 접붙이기는 식물학적으로 같은 과의 유사한 종을 대상으로 할 경우 성공률이 높다. 예를 들어 레몬은 같은 감귤과인 감귤, 자몽, 귤, 탱자와 접붙이기를 하면 85% 정도 성공할 수 있다.

병충해 예방과 약제 살포

정원에 심은 나무는 병충해를 입지 않도록 예방조치를 해야 한다. 병충해를 입었다면 약제를 살포하여 조기에 구제하고, 전염성이 강한 병에 걸렸을 때에는 가지를 잘라내거나 심한 경우에는 나무 전체를 뽑아서 소각해야 한다. 천적을 이용하는 것은 장기적으로 병충해를 예방하고 약제의 살포에 따른 피해가 없는 친

병충해 예방법

환경적인 방법이므로 적극적으로 활용해야 한다.

도구

갈퀴, 호스, 삽, 가압 펌프통, 호스 스프레이

재료

가루비누, 접착제, 살충제, 살균제, 액상 비료

병충해 예방

레이킹 : 병충해가 서식하지 못하도록 정원에 떨어진 낙엽이나 이물질을 긁어모아 소각하거나 버린다.

나무씻어내기 : 나뭇잎에 호스로 물을 뿌려 병균이나 해충을 씻어내고 동시에 먼지를 씻어내어 식물에 활력을 줄 수 있다.

멀칭재 교체 : 오래된 멀칭재에는 병충해가 살 수 있으므로 1년에 2번 정도 멀칭재를 교체하여 병충해를 예방하고 미관적 효과를 얻을 수 있다.

약제살포 : 병충해에 걸린 나무에 간단한 분무기를 이용하여 병충해를 구제한다.

접착제 바르기 : 나무밑둥 주위에 접착제나 방충 페인트를 발라서 해충이 기어오르지 못하게 한다.

병충해 피해잎 제거 : 나뭇잎의 뒷면을 세밀히 조사하여 병충의 유무를 확인하고 피해를 입은 나뭇잎을 제거한다.

약제 살포

- **가압 펌프 스프레이**

옆면 비료 주기와 같은 방법으로 시행한다.

- **정원용 호스 스프레이**

① 액상 비료나 살충제를 스프레이통에 넣고 적정한 농도로 조정한다.

② 스프레이 뚜껑을 닫고 부드럽게 흔들어 약제와 물을 잘 섞는다.

③ 나무에 분무하려는 지점으로 스프레이를 향하고 꼭지를 열어 물을 공급하여 분무한다.

정원용 호스 스프레이를 사용하여 약제살포

줄기의 병충해 구제

줄기는 식물에 피해를 주는 병충해가 자라고 이동하는 통로이므로 줄기감기를 하기 전이나 제거한 후에 약제를 살포하거나 물리적으로 병충해를 구제해야 한다. 친환경적인 방법으로는 한밤중에 손전등을 비추고 줄기에 있는 벌레를 잡거나 아침에 호수에 노즐을 장착하고 물을 세게 분사하면 수피줄기에 붙어 있는

진딧물 같은 작은 벌레를 구제할 수 있어 흥미와 교육적 효과를 얻을 수 있다.

살충제와 물의 살포

☞ 주의사항

① 살포작업을 할 때는 사람, 동물, 시설물과 건물, 차량 등에 피해를 주지 않도록 주의해야 하며, 작업자는 마스크나 방독면을 착용한다.

② 바람이 불지 않는 맑은 날 작업을 한다.

③ 인근주민에게 약제를 살포할 것이라고 미리 알려 대비할 수 있게 한다.

④ 약제사용시에는 농약관련법규 및 제조업자 등이 정하는 안전사용기준, 사용방법, 주의사항을 정확히 숙지하여 사용하도록 한다.

월동작업

우리나라는 겨울에 기온이 몹시 내려가 나무가 동해를 입거나 바람과 눈 때문에 줄기가 손상되는 경우가 많다. 특히 배롱나무, 후박나무, 장미처럼 내한성이 약한 나무나 민들레, 백합, 잔디처럼 겨울에도 지하부가 살아 있는 숙근초화류는 월동을 위한 보호조치를 해주어야 한다.

교목의 월동작업

옮겨 심은 나무는 재생능력이 약하기 때문에 겨울철 환경에 적응할 수 있도록 보호와 월동에 필요한 조치를 취해 주어야 한다.

도구

삽, 해머, 망치

재료

마포, 기름종이, 새끼줄, 진흙, 짚, 분쇄목, 왕겨, 방풍막, 나무기둥

방풍막 설치

바람이 계속 부는 시기에 식재했거나 바람이 심한 지역에 식재했을 때는 수분이 증발하지 않도록 방풍막을 설치해야 한다.

① 방풍막을 설치하려는 외곽 사방에 말뚝을 박는다.

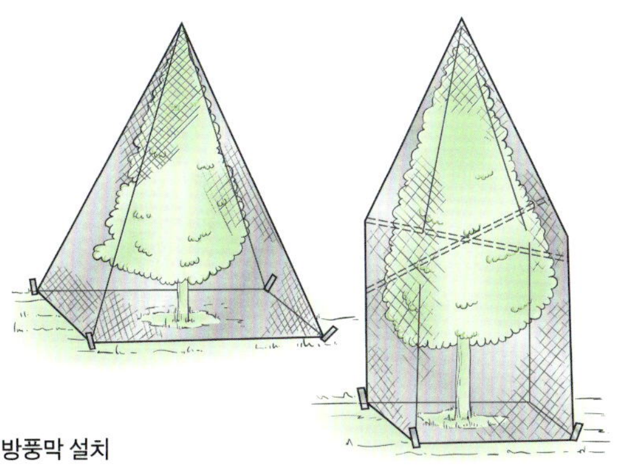

방풍막 설치

② 말뚝에 지지대나 철선을 연결해 고정하여 방풍막의 틀을 만든다.

③ 지지대의 바깥쪽으로 방풍막을 둘러치고 지지대와 방풍막을 고정한다.

방한조치

동해의 우려가 있는 나무와 온난한 지역에서 성장한 나무를 한랭지역이나 지형 · 지세로 보아 동해가 예상되는 장소에 식재했을 경우에는 다음과 같은 방한조치를 해야 한다.

① 동해방지를 위해 짚으로 감싸기를 한다.

② 토양동결로 인한 뿌리동해 방지를 위한 뿌리덮개를 만든다.

③ 추위나 강한 바람으로 인한 피해를 방지하기 위해 방풍막을 설치한다.

짚 싸주기

배롱나무처럼 추위에 약한 나무의 줄기를 짚으로 감싸준다.

☞ 주의사항

수목보호와 월동작업으로 발생한 짚이나 쓰레기는 많은 병해충이 서식하므로 이듬해 봄에 태우거나 매립해서 없앤다.

관목의 월동작업

겨울철 추위나 바람은 관목이나 초화류가 동사하거나 줄기가 부러지는 원인이 될 수 있으므로 관목에 필요한 월동작업을 해주어 이러한 피해를 입지 않도록 방지해야 한다.

도구

스테이플러, 해머, 망치

재료

짚, 생가지, 거적, 말뚝, 끈, 못

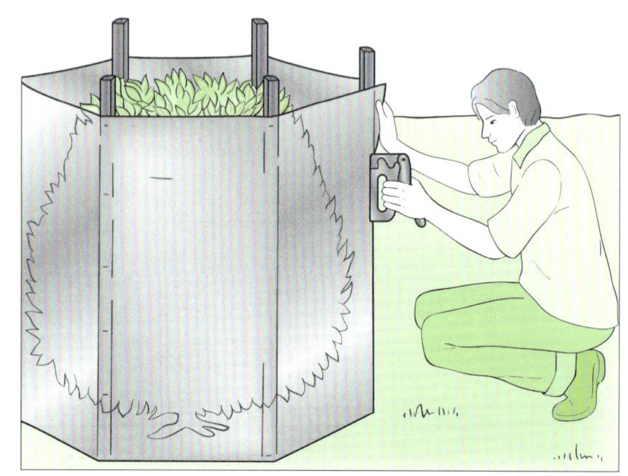

방풍막 설치

생가지 덮기

나무 감기

바람과 눈의 피해를 막는 방법

바람과 눈의 피해 방지

① 첫서리가 오기 전 장미와 같은 키가 작은 관목은 생가지나 짚으로 덮고 고정시킨다. 초화류는 뿌리부분 외에는 잘라내고 멀칭을 하거나 짚을 덮는다.

② 키가 큰 관목을 바람으로부터 보호하기 위해 관목의 둘레에 나무말뚝을 박고 관목의 높이 정도로 거적이나 비닐 같은 방풍막을 대어 고정한다.

③ 눈이 많이 쌓여 가지가 손상되는 것을 방지하고 바람으로 인한 피해를 완화하기 위해 상록관목의 아래쪽에서부터 위쪽으로 나무 둘레를 끈으로 감는다.

보호용 셸터의 설치

① 폭설이나 위쪽으로부터의 피해를 방지하기 위해 관목 위에 셸터를 설치하면 효과적이다.

② 뒤쪽에는 관목보다 50cm 정도 높은 기둥을 설치하고 바깥쪽 기둥은 뒤쪽보다 30cm 낮게 설치한다.

③ 여기에 가로대를 대어 덮개를 경사지게 만든다.

초화류의 보호

① 일년초나 다년생 초화류는 겨울철 월동을 위해 비닐이나 짚으로 덮은 후 그 위에 다른 피복재료를 덮는다.

② 온실이나 냉상(난방장치가 없는 온실)이 있다면 화분이나 콘테이너에 심은 식물을 늦가을 서리가 내리기 전에 옮겨 심는다.

보호용 셸터의 설치

냉상

부록

작업도구

정원을 가꾸기 위해서는 다양한 작업도구가 필요하다. 이러한 작업도구를 구입하여 사용하고 관리하기 위해서는 몇 가지 지식이 필요하다.

작업할 내용이 결정되면 적합한 작업도구를 사야 한다. 정원을 만들거나 관리를 위해 필요한 작업도구는 조경(원예)자재판매점을 이용하는 것이 편리하다. 다양한 작업도구가 전시되어 판매되고 있으며 각종 약제 및 비료 등도 살 수 있다. 때로는 정원과 관련된 기술적 자문도 얻을 수 있으므로 지속적인 관계를 유지하는 것이 좋다.

● **품질이 좋은 도구를 살 것**

작업도구는 같은 종류라도 제조회사가 다양하기 때문에 선택하기 어렵다. 물론 값이 싼 것부터 비싼 것까지 다양하지만 가능하다면 가격이 비싸더라도 품질이 좋은 것을 사야 한다.

● **모든 작업도구는 필요할 때마다 필요한 만큼 구입할 것**

작업의 내용과 작업량은 매번 달라지므로 작업에 필요한 도구만을 구입하여 사용한다. 한꺼번에 이것저것 많이 구입하면 사용하지 않는 도구들도 생기게 되므로 비용을 낭비하게 된다.

● **작업도구는 신중히 선택할 것**

작업도구를 선택할 때는 반드시 직접 도구를 사용해 보고 자신이 사용하기에 적합한지를 확인해야 한다.

● **작업 후에는 깨끗이 정비해서 보관할 것**

대부분의 작업도구는 철재와 목재로 만들어지는데 철재는 녹이 슬고 목재는 썩기 쉬우므로 사용 후 반드시 정비한 후 보관해야 한다. 철재로 만든 작업도구는 흙이나 이물질을 깨끗이 털어내고 물기를 제거한다. 만약 녹이 슬었다면 녹을 벗겨내고 기름을 발라서 녹슬지 않게 한다. 목재도 가능한 한 물기를 제거하고 건조해야 하며, 필요하다면 도장을 해서 부패를 막는다.

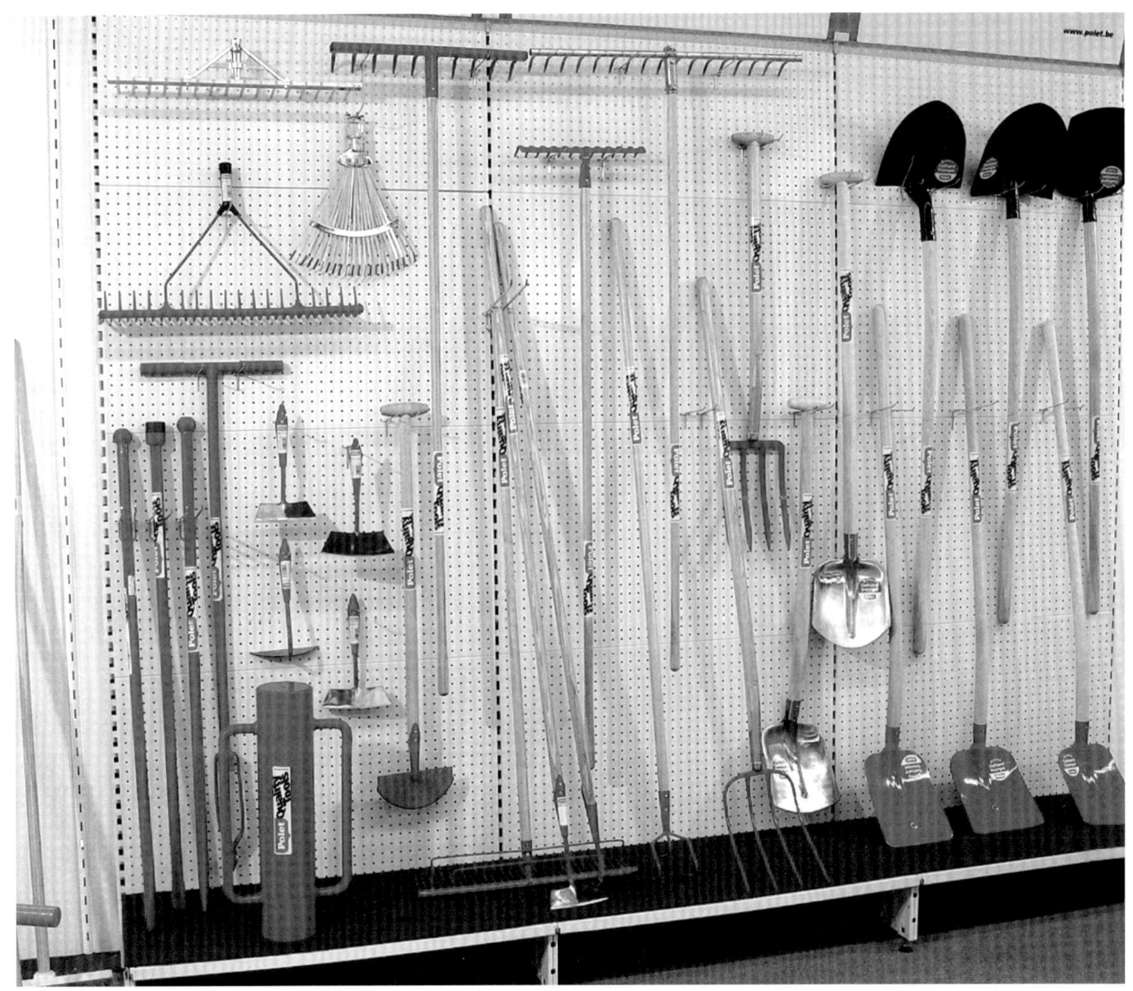

작업도구의 보관

연중 정원관리 계획

건강하고 아름다운 정원을 가꾸기 위해서는 끊임없는 관리가 필요하며, 계절마다 다양한 작업을 해야 한다. 특히 우리나라의 기후는 계절에 따라 크게 다르므로 기온, 강수량 등 기후의 변화에 적절히 대응해야 하며, 특히 갑작스런 기온 변화 때문에 나무가 상하지 않도록 주의해야 한다.

연중 계절의 변화에 따라 정원의 식물에도 변화가 나타나게 된다. 예를 들어 마지막으로 내리는 서리는 봄이 멀지 않았음을 알리고 이때 알뿌리 식물과 다년생초는 새로운 가지와 싹을 키우기 시작한다. 많은 관목이 꽃을 피우면 봄을 알리는 것이며, 장미꽃이 피는 것은 여름이 다가왔음을 암시한다. 가을에는 밤의 기온이 낮아져 점차 춥게 느껴지면서 낙엽이 지기 시작하며, 첫서리는 겨울이 다가왔음을 알리는 신호가 된다. 이때가 되면 대부분의 식물은 겨울잠을 준비하며 추위와 바람으로부터 보호해 주어야 한다.

정원관리를 위한 체크리스트

● 이른 봄

- 식물을 덮고 있는 보호재를 제거하고, 오래된 멀칭재를 제거하고 새로운 것을 깔아준다.
- 관목과 교목을 전정하기 시작한다.
- 잔디와 지피식물에 떨어진 낙엽을 긁어낸다.
- 잔디가 벗겨진 곳에 씨앗을 뿌리고 비료를 주며 물을 충분히 뿌린다.
- 지피식물에 비료를 주고 웃자라는 것은 잘라낸다.
- 교목이나 관목에는 병충해를 예방하고 구제하기 위해 약제를 살포한다.

● 봄

■ 잔디를 30~50mm 높이로 예초하고 잡초를 제거한다.

■ 토양에 충분한 수분이 함유되어 있을 때 관목과 교목을 식재한다.

■ 화단을 정리하고 채소농사를 시작한다.

● 늦봄

■ 꽃이 진 관목을 전정한다.

■ 잔디에 물이 필요한지 규칙적으로 점검한다.

● 초여름

■ 병충해를 예방하기 위해 약제를 살포하고 병든 식물은 제거한다.

■ 정원에 연못이 있다면 수련 같은 수생이나 습지식물을 식재한다.

● 여름

■ 모든 식물에 수분이 충분히 공급되도록 한다.

■ 화단과 관목식재지에서 제초작업을 한다.

■ 잔디깎기는 잔디가 타는 것을 방지하기 위해 봄에 깎은 것보다 다소 길게 깎는다.

■ 장마철에는 배수가 잘 되게 배수로와 표면배수상태를 확인한다.

● 늦여름

■ 잔디를 새로 심거나 오래된 잔디를 갱신한다.

■ 식물의 영양상태를 점검하여 부족한 양분을 공급한다.

● 초가을

■ 잔디에 통기작업을 하고 짚을 제거하며, 잔디 길이가 짧아지도록 자주 깎는다.

■ 나무를 새로 심거나 이식한다. 나무를 식재한 후에는 지표면에 멀칭하여 수분이 증발하고 잡초가 나는 것을 방지한다.

● 가을

■ 나뭇잎의 단풍을 즐긴다.

■ 정원에 유실수가 있다면 그 열매를 수확한다.

● 늦가을

▪ 잔디와 지피식물로부터 낙엽을 제거한다.

▪ 소나무잎을 긁어모아 관목의 멀칭재로 사용한다.

▪ 장미, 교목, 생울타리를 마지막으로 전정한다.

▪ 관목 주위에 깔아두었던 오래되고 다져진 멀칭재를 다시 깐다.

▪ 유기질 비료를 정원에 뿌린다.

● 초겨울

▪ 거적이나 짚으로 관목을 덮어주거나 감싸준다.

▪ 눈이나 바람으로부터 보호가 필요한 나무에는 방풍막이나 쉘터를 설치해 준다.

▪ 잔디밭이나 화단에서 낙엽을 긁어낸다.

● 겨울

▪ 눈이 온 후에 손상된 가지를 확인하여 피해를 입은 나무는 보호조치를 취한다.

▪ 나무에 쌓인 눈을 털어내어 가지를 보호한다.

▪ 동해의 우려가 있는 나무는 방풍막을 설치한다.

정원용 수목

1. 게재수종은 정원에서 자주 사용되는 것을 중심으로 하여 성상별로 상록교목, 상록관목, 낙엽교목, 낙엽관목, 만경류 및 기타, 초화류의 6가지 성상별로 분류하였다.

2. 수목의 이름은 국가표준식물목록에서 추천하는 수종명을 기준으로 하였으며 수종별 순서는 독자들의 이해를 돕기위해 성상별로 가나다 순으로 나열하였다.

3. 정원에 자주 사용되는 수목을 편리하고 쉽게 알아볼 수 있도록 하기 위해 사진만을 제시하였으므로 정원수의 생태적 특성 등에 대한 상세한 정보를 얻기 위해서는 별도로 수목도감을 참조할 것을 권장한다.

상록교목

가시나무
가이즈까향나무
곰솔
구상나무
굴거리나무
금송
나한송
노간주나무
녹나무
독일가문비
동백나무
리기다소나무

반송 방크스소나무 백송 분비나무
섬잣나무 소나무 소나무(조형) 실화백
야왜나무 젓나무 주목 편백
향나무 황금실화백 황금주목 황금편백

후피향나무 / 히말라야시다 / 굴거리 잎 / 동백 꽃

리기다소나무 잎 / 반송 꽃 / 섬잣나무 꽃 / 소나무 꽃

아왜나무 꽃 / 얼룩식나무 잎 / 주목 잎 / 태산목 꽃

홍가시나무 꽃 / 화백 잎 / 황금편백 잎 / 황칠나무 열매

상록관목

광나무 금사철 꽃치자
꽝꽝나무 둥근향나무 목서(은)
백정화 사철나무 애기동백
옥향 은테사철 종려죽
팔손이 편백류 협죽도

호랑가시나무

홍가시

회양목

사매류

꽃치자 잎

꽝꽝나무 잎

향나무 잎

돈나무 꽃

돈나무 열매

돈나무 잎

사철나무 잎

탱자나무 꽃

풍겐스보리수

피라칸시스 꽃

피라칸시스 열매

피라칸시스 열매

(완도)호랑가시나무 열매

홍가시나무 잎

낙엽교목

가죽나무 계수나무 고광나무 고로쇠나무
공작단풍 공작단풍 까치박달 나무수국
낙우송 노각나무 느티나무 능수벚나무

단풍나무
단풍나무
말채나무
메타세콰이어
모감주나무
모과나무
목련
목백합
미국노각
미국산사
미국풍나무
미루나무
바늘잎참나무
박태기나무
밤나무
방울비짜루

배롱나무
백당나무
백양나무
백합나무
벌배나무
벚나무
보리수나무
복사나무
복자기
뽕나무
산딸나무
산사나무
산수유
수양버들
수양벚나무
아까시나무

버즘나무 우산고로쇠나무 은행나무 음나무
팝나무 자귀나무 자목련 자작나무
쇠물푸레 주엽나무류 중국단풍 청단풍
엽수 피나무류 회화나무 흰배롱나무

가죽나무 꽃
가죽나무 단풍
계수나무 잎
계수나무 줄기
공작단풍 잎
공작단풍 잎
광릉물푸레나무 줄기
꽃사과 꽃
낙상홍 열매
낙우송 수피
낙우송류 열매
노각나무 단풍
느티나무 단풍
단풍나무 잎
대추나무 열매
마가목 열매

말채나무 잎
메타세쿼이어 잎
메타세쿼이어 잎
모감주나무 잎
모과나무 열매
물푸레나무 꽃
미국산딸나무 꽃
바늘잎참나무 잎
밤나무 꽃
방울비짜루 잎
배롱나무 꽃
백당나무종류 꽃
백목련 꽃
벌배나무 꽃
벚나무 꽃
벽오동 수피

벽오동 잎
보리수나무 꽃
복사나무 꽃
복숭아나무류 꽃
복자기 단풍
복자기 잎
산딸나무 꽃
산사나무 꽃
산사나무 잎
산수유 꽃
석류 꽃
송양나무류 열매
수양벚나무 꽃
아까시나무 잎
양버즘나무 수피
오동나무 열매

음나무 꽃과 잎

이팝나무 꽃

자귀나무 꽃과 잎

자목련 꽃

자작나무 수피

조록싸리 꽃

중국단풍 꽃과 열매

칠엽수 꽃과 잎

칠엽수 잎

콩배나무 꽃

팥배나무 꽃과 잎

호두나무 잎과 열매

홍가시나무 꽃

홍단풍, 청단풍

흰배롱나무

히어리 잎

낙엽관목

가침박달
개나리
골담초
공조팝나무
구기자나무
꽃댕강나무
나무수국류
나무수국류
남천류
능소화류
당매자나무
댕강나무류
딱총나무
명자나무
모란

궁화 물싸리 박태기나무
호테조팝 백당나무 백정화
철죽 벌배나무 병꽃나무
꽃나무 종류 분단나무 분단나무 꽃
두화 붉은병꽃나무 붉은조팝나무
도리류 산철쭉 산철쭉

생강나무
서양자두나무
수국
수국백당나무
수수꽃다리
쉬땅나무
싸리나무
영산홍
영산홍
오갈피나무
옥매류
장미
장미
장미
장미
장미
초록싸리
조팝나무

좀작살나무 죽단화 찔레꽃

철쭉 초피나무 키버들류

테리옻나무 한국백당 해당화

홍매화 화살나무 황매화

흰말채나무 흰말채나무류 가침박달류 꽃

개나리 꽃 골담초 꽃 딱총나무 꽃

마가목 열매

명자나무 꽃

모란 꽃

모란 꽃

박태기 나무 꽃

반호테조팝나무 꽃

백당나무류 열매

백정화 꽃과 잎

백철쭉 꽃

불두화 꽃

산딸나무 꽃

산사나무 꽃

산철쭉 꽃

산철쭉 꽃

산철쭉 잎

수국 꽃

수수꽃다리 꽃

수수꽃다리 꽃

산홍 꽃

영산홍 꽃

옥매

미

장미류 꽃

장미류 열매

독싸리 꽃과 잎

조팝나무 꽃

죽단화 꽃

레 꽃

철쭉 꽃

철쭉 꽃

쭉 꽃

한국백당 꽃

홍매화 꽃

살나무 잎

황철쭉 꽃

흰말채나무 꽃

기타 만경류

능소화 꽃 / 담쟁이 덩굴 / 대나무

등나무 꽃 / 등나무 열매 / 등나무

무늬마삭줄 / 붉은인동 / 실유카 꽃

실유카 / 아이비류 / 오죽

으름 / 종려죽 / 줄사철

초화류

ㅐ망초 개미취 개상사화 ㅐ완두 고깔제비꽃 참취 고비 곰취 관중 광릉갈퀴 괭이밥 국화 국화류 극락조화 금계국

금계국
금낭화
기린초류
기생초
꽃범의 꼬리
꽃부추
꽃양배추
꽃양배추
꽃잔디
꿩고비
꿩의다리
꿩의다리아재비
나팔꽃
냉초
노란독말풀
노란무늬사사
노랑꽃창포
노루오줌

놋젓가락나물

단풍취

당개지치

더부살이고사리

데이지

도깨비부채

독일붓꽃

독활

돌나물

돌양지꽃

동의나물

루드베키아

리빙스턴데이지

마가렛

마타리

매발톱

맥문동

맨드라미, 수레국화

맨드라미류

머위

메꽃

메리골드

멜리사

멸가치

모카라

무늬까실쑥부쟁이

무늬둥굴레

무늬비비추

무늬아부틸론

무늬창포

물억새

미국자리공

미나리냉이

미나리아재비

미역취

미치광이풀

새 / 배추 양배추 / 배추꽃

묘국 / 백선 / 백일홍류

일홍 / 뱀고사리 / 벌개미취

깨덩굴 / 벌노랑이 / 범꼬리

부채 / 베고니아 / 벼과식물

꽃류 / 보리 / 봉숭아

부들레아
부용류
부채마
분꽃
붉은달개비, 칸나
붉은토끼풀
붓꽃
붓꽃
비누풀
비비추
빅토리아 연꽃
사사
사상자
산괴불주머니
산기름나물
산꿩의다리
삼지구엽초
삿갓나물

샐비어, 메리골드

서양민들레

서양톱풀

속단

솜방망이

쇠고비

수국

수련

수련

수련

수련

수리취

수세미

수크령

수호초

술패랭이꽃

쉽싸리

승마

시클라멘
십자고사리
십자화과
십자화류
싱고니움, 무늬억새
쑥
쑥부쟁이
아가판투스
아욱메풀류
아프리칸봉선화
안스리움
애기나리
애기달맞이꽃
애기똥풀
앵초
야산고비
양배추
달비

얼룩무늬비비추
여로
연꽃
연꽃
오이풀
온시디움
왕원추리
왕포아풀
우산나물
울릉미역취
울릉산마늘
원추리
유채꽃
으아리
은방울꽃
임파첸스
자리공
자주루드베키아

잔디
전호
접시꽃
제브라참억새
제비꽃
조개나물류
족도리
좀씀바귀
좁은잎백일홍, 베고니아
종지나물
지리강활
짚신나물
쪽제비고사리
참꽃마리
참당귀
참새발고사리
참취
천호색

나래고사리
칸나
컴프리
큰금계국
큰애기나리
터리풀
토끼풀
톱풀
튤립
튤립
튤립
파프리카
팜파스갈대

패랭이 꽃

팬지

팬지

팬지

팬지

페튜니아

피나물

하늘매발톱

할미꽃

해바라기(왜성)

호골무꽃

호장근

호접란

홀아비꽃대

활량나물

후록스

흰갈풀

흰꽃좀은잎백일홍

참고문헌

김유일 외 6인 엮음, 『아름다운 정원』, 도서출판 조경, 1989.

대한종묘조경(주), 『지피식물 가이드북』, 늘푸른기획, 2002.

대한주택공사 엮음, 『조경수목도감』, 기문당, 1998.

대한주택공사 건설관리처 엮음, 『공사감독 핸드북 : 조경』, 건설도서, 2005.

대한주택공사 주택연구소, 『조경시설물 상세설계 매뉴얼』, 대한주택공사 주택연구소, 1999.

서울시립대학교 환경원예학과, 한동욱 외 편, 『생활원예』 p.91~98, 1991.

윤국병, 『조경배식학』, 일조각, 1977.

윤국병, 『조경수목학』, 일조각, 1980.

최기수 · 이상석, 『조경구조학』, 일조각, 2002.

최상범, 『야생화 정원』, 기문당, 2005.

최상범, 『장미 정원』, 기문당, 2005.

한국조경학회, 『조경설계기준』, 도서출판 조경, 1999.

한국조경학회 엮음, 『조경공사표준시방서』, 한국조경학회, 2003.

한국조경학회 엮음, 『조경관리학』, 문운당, 1990.

한국조경학회 엮음, 『조경설계 상세자료집』, 누리에, 1997.

한국조경학회 엮음, 『조경시공학』, 문운당, 2003.

Andrew Wilson, *The Book of Gardenplans*, London: Mitchell Beazley, 2004.

Better Homes and Gardens, *Low-Cost Gardening*, Des Moines(IA): Better Homes and Gardens, 1994.

Better Homes and Gardens, *Roses*, Des Moines(IA): Better Homes and Gardens Books, 1993.

Better Homes and Gardens, *Vegetables*, Des Moines(IA): Better

Homes and Gardens Books, 1993.
Fiona Gilsenan, Kathleen Norris Brenzel (eds), *Sunset Western Landscaping Book*, Menlo Park(CA): Sunset Books Inc., 1997.
James U. Crockett and Editors of Time-Life Books, *Lawns and Ground Covers*, New York: Time-Life Books, 1971.
Judith Adam, *Landscape Planning*, Toronto: Firefly Books, 2002.
Kan Smith, *Western Home Landscaping*, Tucson: H.P. Books, 1978.
Lin Cotton, *Ortho All About Landscaping*, Chevron Chemical Company, 1988.
Patricia A. Taylor, *Shade Gardens*, Des Moines(IA): Meredith Books, 1995.
Reader' s Digest, *Practical Guide to Home Landscaping*, 1977.
Sunset Books and Sunset Magazine (ed), *Ideas for Landscaping*, Menlo Park(CA): Lane Books, 1972.
Sunset Garden & Patio Building Book, Menlo Park(CA): Lane Publishing Co., 1983.
The Editors of Sunset Books and Sunset Magazine, *Sunset Basic Gardening Illustrated*, Menlo Park(CA): Sunset Publishing Co., 1981.
The Editors of the Time-Life Books, *Landscaping*, Richmond(VA): Time-Life Books, 1996.
Terence Conran and Dan Pearson, *The Essential Garden Books*, London: Conran Octopus, 1999.

堀部泰憲 編集,『DIY人氣ガーデン實例集』, 東京 : (株)學習研究社, 2005.
新星出版社編集部,『はじめての庭作り』, 東京 : 新星出版社, 2004.
山本忠 編集,『基本庭づくり』, 東京 : (株)主婦と生活社, 2004.
100.naver.com

찾아보기

ㄴ

ㄷ

ㄹ

ㅁ

ㅂ

ㅅ

ㅊ

ㅋ

ㅎ

정원만들기

1판 1쇄 펴낸날 2006년 2월 25일
1판 7쇄 펴낸날 2019년 10월 18일

지은이 | 이상석
펴낸이 | 김시연

펴낸곳 | (주)일조각
등록 | 1953년 9월 3일 제300-1953-1호(구 : 제1-298호)
주소 | 03176 서울시 종로구 경희궁길 39
전화 | 02-734-3545 / 02-733-8811(편집부)
02-733-5430 / 02-733-5431(영업부)
팩스 | 02-735-9994(편집부) / 02-738-5857(영업부)
이메일 | ilchokak@hanmail.net
홈페이지 | www.ilchokak.co.kr

ISBN 978-89-337-0492-9 03520
값 28,000원

* 이 도서의 국립중앙도서관 출판시도서목록(CIP)은 e-CIP 홈페이지
(http://www.nl.go.kr/cip.php)에서 이용하실 수 있습니다.
(CIP제어번호 : CIP2006000513)